美在境界

——王国维美学文选

王国维 著

山东文艺出版社

图书在版编目（CIP）数据

美在境界：王国维美学文选 / 王国维著. —济南：山东文艺出版社，2020.1

ISBN 978-7-5329-5967-9

Ⅰ . ①美… Ⅱ . ①王… Ⅲ . ①王国维（1877—1927）—美学思想—文集 Ⅳ . ①B83-092

中国版本图书馆CIP数据核字（2019）第248050号

美在境界
—— 王国维美学文选

王国维　著

主管单位　山东出版传媒股份有限公司
出版发行　山东文艺出版社
社　　址　山东省济南市英雄山路189号
邮　　编　250002
网　　址　www.sdwypress.com

读者服务　0531-82098776（总编室）
　　　　　0531-82098775（市场营销部）
电子邮箱　sdwy@sdpress.com.cn

印　　刷　山东临沂新华印刷物流集团有限责任公司
开　　本　890毫米×1240毫米　1/32
印　　张　7.25
字　　数　174千
版　　次　2020年1月第1版
印　　次　2020年1月第1次印刷
书　　号　ISBN 978 - 7 - 5329 - 5967 - 9
定　　价　62.00元

　　"中国现代美学大家文库"共收入王国维、蔡元培、朱光潜、宗白华、蔡仪、李泽厚、汝信、蒋孔阳、刘纲纪、胡经之、周来祥、叶秀山、杨春时、朱立元、曾繁仁等15位美学大家的著作。这些大家分别为中国现代美学开创奠基时期、建设发展时期与当代反思超越时期的代表性学者。所选文章均为他们的代表性作品，且有部分是未发表的新作。作为现代著名美学家主要成果的汇集，本文库旨在对一百多年中国美学辉煌而曲折的发展历程进行梳理与回顾，全面立体地展示现代美学大家的主要学术成果，给美学研究者与普通读者提供经典、全面、权威的美学文本，从而推动新时代中国美学研究向纵深发展。

　　在编选过程中，对于王国维、蔡元培、朱光潜、宗白华、蔡仪等开创奠基时期美学大家的作品，为了保存历史的真实，依据其原始版本，除对文字明显讹误进行订正外，其余不做较大修改。对于其他美学大家的作品也尽量保持初次发表时的原貌。其中疏漏，尚祈读者指正。

山东文艺出版社

2019年12月

中国百年美学辉煌而曲折的创新之路

尽管审美作为一种艺术的生存方式在中国五千多年悠久文化中有着极为丰富的呈现，中国自有独具特色的东方形态的美学，但现代美学学科却由西方创立并于20世纪初传入中国，迄今已有一百多年的历史。一百多年来，美学领域一代又一代学人在中国传统文化的基础上，历经艰难曲折，辛勤耕耘，不断创新，出现众多著名学者，涌现一批又一批丰硕成果。本丛书作为现代著名美学家主要成果的汇集，旨在回顾这一百多年中国美学辉煌而曲折的发展历程。同时，今年正值新中国成立70周年，中国美学发展的一百多年占据主要时间域的是党所领导的新中国成立后的70年，特别是改革开放40年。因此，本丛书从某种意义上来说，也是新中国成立70年的一份献礼。回顾历史是为了在新时代推动中国美学走向更加辉煌的未来。

众所周知，"美学"一词由德国学者鲍姆加登于1735年首次提出，其原文实为"感性学"之意，日本学人中江肇民用汉语"美学"一词翻译,传入中国后王国维使"美学"成为定译并被中国学人普遍接受。尽管"美学"一词来自外国,美学学科也是近代以来才出现的,但审美作为一种艺术的生存方式却早就存在于中国悠久的历史之中,美学也随着中国五千年的文明史而存在。现代以来伴随着中华民族坎坷曲折的发展历史,美学也在中国不断地发展,而且呈现空前兴盛的状态,这在世界美学史上是罕见的。美学为现代以来中国的人文教育贡献了自己的力量,也在诸多学人的努力与中西古今的冲撞影响中逐步形成现代中国特有的美学精神,值得我们为之书写与发扬。为此,山东文艺出版社特地出版本丛书,共收入15位现代美学家的文选。现代中国美学面临中与西、古与今、革命与学术三种发展境遇。首先是中西之间的关系,这是一种矛盾共存、吸收融合的关系。中西之间一直存在体用之争,长期以来中国美学走的是"以西释中"之路,但历史证明审美既然作为人的一种艺术的生存方式,那么中西之间就不存在先进与落后之别,而只有类型之不同。因此中国美学必须走出一条立足本土、吸收西方有益经验的美学建设之路。本丛书中的美学家的学术之路进一步证明了这一点,充分说明百年中国美学就是一条奋力探索中国美学话语之路,并取得显著成就,给我们以激励与启示,需要我们一代又一代美学工作者承前启后,继续前进,以创新性发展与创造性转化向中国和世界提供愈来愈有价值的美学理论。而马克思主义是放之四海而皆准的真理,马克思主义特别是中国化的马克思主义,对于现代中国美学的指导作用已经被历史事实充分证明。其次是古今关系问题,现代以来中国美学发展面临的主题是中国古代美学资源的现代转化问题。因为中国古代美学资源虽有着与现代美学相异的面貌，但有着巨大的价值，无论从民族立场还是从美学自身建设来说，都需要利用这一宝贵的资源，以便建设具有中国气派与中国面貌的现代美学形态。百年来中国美学界同仁为此付出艰辛努力，本丛书15位美学家的奋斗史也呈现了这种为中国美学民族资源现代转换而奋斗的现实状况。中国现代美学发展还面临着学术与革命的二重变奏，此前被认为是启蒙与救亡的二重变奏，有"救亡压倒启蒙"之说。但笔者倒认为，无论是启蒙与救亡，或者是学术与革命，都是历史的宿命，可以说不是美学工作者自己所能选择的，而且两者之间不仅是一种矛盾，也呈现一种互补。正是在民族救亡的抗日战争硝烟烽火之中，才出现了中国现代"为人民"与"为人生"的美学，才涌现了充满民族情怀的文艺作品，成为中华民族史的辉煌篇章。新中国成立后发生在中国的两次美学大讨论，面临着美学自身学术的发展与批判唯心论革命任务的二重变奏，使得唯物与唯心成为衡量正误的标准，这当然有限制学术发展的局限，但也促使美学界同仁钻研马克思主义，特别是马克思的《1844年经济学哲学手稿》，使得我国现代美学的马克思主义水平有了明显提高，这也是一种重要的学术收获。

本丛书收入的15位美学家其历史跨越幅度较大，基本上可分为中国现代美学开创奠基时期、建设发展时期与当代反思超越时期等三个时期。我们分别按照不同时期对于15位美学家做一个基本介绍。

　　首先是从20世纪初期开始直至新中国建立前的开创奠基时期，众所周知，包括美学在内的诸多人文学科的现代开创奠基之功首先归于王国维与蔡元培，现代形态的美学与美育就是他们率先引进并加以初步构建的。前已说到"美学"一词就是由王国维认可而从日本引进的。王国维还在1903年《论教育之宗旨》一文中首倡"美育"，并将之界定为"心育"，并提出了美育的"无用之用"的重要作用。当然，王国维还在著名的《人间词话》中提出了"审美的境界"论，继承古代"意境"之说，吸收西方理念之论，成为20世纪中西交融美学之重要成果。

　　蔡元培也是中国现代美学的重要奠基者之一，他以中西交融的学术修养和崇高的政治学术地位对现代美学，特别是美育的发展与传播做出了杰出的贡献。首先是以其担任教育总长与北大校长的便利，将美育首次纳入教育方针，并力倡"以美育代宗教"之说，强调了美育的科学与民主精神。蔡氏还在美学与美育的学科建设与课程建设上进行了开创性的探索。

　　朱光潜、宗白华与蔡仪则是继他们之后中国现代美学的开创者与奠基者。朱光潜在20世纪20年代后期即开始在中国倡导美学，并在美学基本知识、文艺心理学、悲剧美学、西方美学与中西比较美学等诸多方面最早进行研究介绍，出版《谈美》《悲剧心理学》《文艺心理学》《诗论》等论著，产生了重大影响，成为现代中国美学史上用力最多最专、影响最广的美学家之一。朱光潜对我国西方美学研究领域有开拓之功，他在新中国成立前的两本心理学论著就是以西方文献为主，并于1948年出版《克罗齐哲学述评》，其中对克罗齐直觉论美学的评述，使其成为我国研究西方美学的领跑者。特别是1963年出版的《西方美学史》，奠定了我国西方美学学科的发展基础，成为该领域的经典。朱光潜倾其毕生精力于西方美学论著的翻译，译介了柏拉图《文艺对话集》、黑格尔《美学》与维科《新科学》等名著，为我们提供了集信、达、雅于一体的西方美学经典译本，惠及一代又一代学人。朱光潜也是我国主客观统一的"创造论美学"的奠基者。在1957年开始的那场美学大讨论之中，朱光潜作为被批判者一方面努力学习马克思主义论著，一方面积极应对论争。他根据马克思主义基本观点明确表示不同意当时占据话语统治地位的"认识论"美学，因为"依照马克思主义把文艺作为生产实践来看，美学就不能只是一种认识论了，就要包括艺术创造过程的研究了"。朱光潜认为艺术创造是以主客观统一为前提的，他的创造论美学是我国美学大讨论的重要理论收获之一。朱光潜还是我国中西美学比较研究的开创者之一，他早期写作的《诗论》，应用文艺心理学原理，采用中西比较方法，对中国传统诗学与美学进行了认真的梳理，是我国现代中西比较美学研究的重要成果。朱光潜晚年潜心钻研马克思主义基本理论，特别是《1844年经济学哲学手稿》，写作了《谈美书简》和《美学拾穗集》，力图以马克思主义为指导研究美与美感、形象思维、现实主义与浪漫主义等基本问题，成为马克思主义美学中国化的可贵探索。朱光潜为我国美学事业奋斗了一生，被称为"美学老人"，其作品和思想在国内外具有广泛深远的影响。

宗白华是我国古代美学研究的重要开创者与奠基者。宗白华有深厚的西方学术功底，曾经留学欧洲，翻译了多种西方美学经典，特别是他所翻译的康德《判断力批判》上卷，表现了对于康德美学的深刻理解，成为该论著的翻译经典，至今仍有重要价值。但宗白华却将自己的研究视角聚焦于中国古代美学，在中西结合的广阔视域中提出"气本论生命美学"，为立足本土创建具有中国特色的美学理论奠定了基础，做出了示范。宗白华于20世纪80年代出版的《美学散步》与《艺境》，成为现代中国美学研究的经典读本和当代研究古代美学的必备之书，被广泛地引用与研究。宗白华于1928年前后写作《形上学——中西哲学之比较》，又于1979年发表《中国美学史中重要问题的初步探索》等文，为中国古代美学研究奠定了哲学的基础。在前文之中，宗白华明确将西方哲学（包括美学）基础表述为抽象时空之几何哲学，中国乃"四时自成岁之历律哲学"，划分了西方美学之科学主义与中国美学之天人合一人文主义之区别。后文乃第一次将《周易》作为我国最重要的古代美学经典之一，指出"《易经》是儒家经典，包含了宝贵的美学思想。如《易经》有六个字：'刚健、笃实、辉光'，就代表了我们民族一种很健全的美学思想"。这就为后人的中国美学研究奠定了扎实的理论基础。宗白华首次提出中国古代美学研究应以传统艺术与艺术创作为中心，由此开辟了中国传统美学独特的研究路径。他说，"在西方，美学是大哲学家思想体系的一部分，属于哲学史的内容……在中国，美学思想却更是总结了艺术实践，回过头来又影响艺术的发展"；因此，他主张"研究中国美学史的人应当打破过去的一些成见，而从中国极为丰富的艺术成就和艺人的思想里，去考察中国美学思想的特点"。他本人正是这样实践的，总结了绘画、戏剧、建筑、音乐、诗歌之中的美学思想，别开生面，使人耳目一新。宗白华还以中西比较的视野建构了中国传统美学研究的特殊内涵。首先是他对中国传统美学"意境"的理论进行了全新的研究与阐释，将意境阐释为"有节奏的生命"或"生命的节奏"；同时，宗白华还深入研究了中国传统美学之中的时间与空间关系，提出中国传统美学化空间于时间的重要艺术论题，对中国传统美学的虚实相生进行了独特的研究。宗白华还阐发了中国传统美学的其他有关范畴，例如国画的"气韵生动"、书法的"筋血骨肉"、建筑的"飞动之美"、戏曲的"以动代静"、舞蹈的"生命玄冥的肉身化之美"、音乐的"声情并茂的胜妙之美"和诗歌的"情景交融的意境之美"等等。可以说，宗白华的成果尽管字数不多，却是浓缩的精华，可谓字字千金。

蔡仪是中国现代唯物主义美学的开创者与积极推动者。他于20世纪40年代白色恐怖的历史语境下，排除重重障碍写作出版了著名的《新艺术论》和《新美学》两本专著，以大无畏的理论勇气力批当时盛行的唯心主义哲学与美学理论，系统而有力地创立了富有理论特色的唯物主义美学与艺术思想体系。他在《新美学》开头第一句话就指出：旧美学已完全暴露了它的矛盾，而他的新美学是以新的方法建立新的体系。他在这两本著作之中明确提出"美在客观事物"与"美在典型"等崭新的美学理论观点，被称为"中国现代第一个依据自己的思考去表述自己的有系统的美学思想的学者"。新中国成立后，蔡仪继续以其对马克思主义的信仰与对真理的追求，带领他的团队为创立中国特色的马克思主义的唯物论美学而奋斗，进行了科研、学生培养与文献译介等一系列富有成效的学术工作。特别是以其坚持真理、矢志不渝的精神投入第一、二次美学大讨论之中，树起了"客观派"的美学大旗，深入阐释了他所坚持的马克思主义唯物主义美学原理，积极参与学术论辩，建构具有鲜明特色的中国式的马克思主义唯物主义美学体系。该体系包括"美在客观存在""美的认识""美是典型"等紧密相关的美学范畴。蔡仪旗帜鲜明地提出："美的本质是什么呢？我们认为美是客观，不是主观。"他又说："美的事物就是典型的事物，就是种类的普遍性、必然性的显现者。"后来蔡仪又引入了马克思《1844年经济学哲学手稿》中有关"美的规律"的论述，认为美的客观性与典型性表现为按照美的规律来造形。蔡仪还提出了"自然美""社会美""具象概念"与"美的观念"等美学范畴，具有创造性的学术价值。他所主编的《文学概论》教材为推动我国高校美学与文艺学教学起到重大作用。

我国美学发展的第二个时期是新中国成立之后，在马克思主义与毛泽东思想的指导下美学有了新的发展，具有显著的中国特色。这一时期最重要的美学学术事件就是两次美学大讨论，使得美学出现了从未有过的兴盛，尤其改革开放后的第二次美学大讨论更是兴起了一股美学热，为世界美学史所罕见。新中国成立后的美学发展交织着革命与学术的二重变奏，所谓"革命"是指第一次美学大讨论起源于对唯心主义美学观之批判，目的是进一步普及马克思主义的唯物论，政治的指向性非常明显，大讨论中的政治色彩也非常浓厚；所谓"学术"是指这次美学大讨论是以"百家争鸣，百花齐放"的方式展开的，也就是说大讨论的过程中对于所谓唯心主义观点一般当作"学术问题"处理，而其结果也的确在一定程度上起到了普及马克思主义唯物论的作用，产生了以李泽厚为代表的"实践论"美学，其具有科学性与理论的自洽性，极大地影响到中国很长一段时期内美学学科的发展及其面貌。本丛书涉及的李泽厚、汝信、蒋孔阳、刘纲纪、胡经之、周来祥与叶秀山就是这一时期的代表人物。

李泽厚是新中国成立后我国美学研究领域的标志性人物，是社会论实践美学的创立者与两次美学大讨论的重要推动者，也是少有的具有重要国际影响的中国现代美学家。他是巴黎国际哲学院院士、美国科罗拉多学院荣誉人文学博士，其《美学四讲》入选著名的《诺顿文学理论与批评选集》。李泽厚在哲学基本理论、中国思想史、美学与伦理学领域均有重要建树。在美学领域，他成为第一次美学大讨论社会学派的领军人物，在这次美学大讨论中起到实际的主导作用。在20世纪80年代的第二次美学大讨论中他力倡的"主体性"理论成为改革开放后思想解放运动的代表性思潮。他更加明确地提出"实践论美学",以马克思关于物质生产实践是人类一切活动之基础的理论为指导,提出"人化自然""实践本体""情本体"与"积淀说"等一系列具有独创性的美学观点。他出版了《批判哲学的批判》《美的历程》《华夏美学》与《美学四讲》等经典美学论著。晚年,李泽厚深入研究中国传统文化,探索"以儒学代宗教"的"天地境界论",提出"中国审美主义的感情以深植历史性为'本体'"的"以美育代宗教"之说。李泽厚强调的"美是合规律性与合目的性的统一""救亡压倒启蒙"与"中国文化的儒道互补"等观念对中国现代美学的发展产生了重要影响。

汝信是这一时期西方美学学科的重要开拓者,他早在20世纪50年代就开始了西方哲学与美学的研究,并于1958年在《哲学研究》上发表《论车尔尼雪夫斯基对黑格尔美学的批判》。1963年又出版了《西方美学史论丛》,是国内第一本以西方美学为主题的综合研究著作,与同年出版的朱光潜的《西方美学史》一起,标志着在我国西方美学已经成为一门独立的学科。1983年汝信又出版了《西方美学史论丛续编》。汝信坚持马克思主义指导西方美学研究,特别坚持马克思主义唯物史观的指导。他从宇宙观、认识论、伦理观与政治思想等方面全面地、认真地研究柏拉图的美学思想,对新柏拉图主义的重要代表普罗提诺进行了深入剖析,填补了这一方面的研究空白。他的《黑格尔的悲剧论》深刻剖析了黑格尔悲剧论广阔的历史感与社会文化视野，成为西方美学研究的范本。汝信还对俄国别林斯基、车尔尼雪夫斯基与普列汉诺夫等人的美学思想进行了深入的研究，均有开拓的价值。汝信用具有说服力的材料批驳了当时苏联哲学界流行的将德国古典哲学说成是德国贵族对于法国大革命的一种反动的错误判断，论证了青年黑格尔是当时德国新兴资产阶级的思想代表，黑格尔的辩证法反映了资产阶级上升时期的愿望和要求。汝信对黑格尔的劳动和异化理论的开拓性研究填补了国内研究的空白。此外，他在现代西方美学研究方面有许多新的拓展。20世纪80年代，汝信到美国哈佛大学访学之时即逐步将美学研究的注意力转向黑格尔以后发展起来的另一条相反的思想线索，即以个人为特征的由克尔凯郭尔和尼采所代表的社会思潮。此时汝信逐步转向现代西方哲学与美学研究，他率先并引领学生发表了有关文章，出版了专著，在国内学术界开风气之先，影响深远。汝信不仅在西方美学理论研究方面辛勤耕耘，还直接从西方艺术作品与古迹中去找寻美，并于1992年出版了《美的找寻》一书，成为西方美学审美意识研究的重要范本。他担任主编，历时九年写作出版了四卷本《西方美学史》，以其资料的原初性与理论创新性为特点，成为进入西方美学研究的"钥匙"。1998年，汝信担任中华美学学会第三任会长，以其谦虚、开放与睿智的人格与扎实学风富有成效地引领中国美学学科由20世纪进入21世纪。

　　蒋孔阳是我国现代美学建设发展时期最重要的代表人物之一，他的美学贡献是多方面的。首先，他是我国现代西方美学研究的奠基者之一，1980年《德国古典美学》出版，该书是蒋孔阳的代表作，也是我国第一部断代的西方美学专著，在国内外均产生了重大影响。该书以整体研究的方法，坚持唯物史观的指导，对德国古典美学的产生、发展与内涵进行了深入的研究与阐发，具有独到的见解。蒋孔阳还与朱立元一起主编了七卷本《西方美学通史》，是迄今为止我国最全的一部西方美学通史，对西方美学研究起到了重要推动作用。蒋孔阳是中国古代音乐美学研究的奠基者之一，他于1986年出版的《先秦音乐美学思想论稿》一书，引起广泛影响，至今仍然是音乐美学领域的经典论著之一。蒋孔阳首先确定了中国古代音乐美学的重要地位，认为公元前2世纪的《乐记》完全可以与古希腊亚里士多德的《诗学》相媲美。他以唯物史观为指导，从经济社会的广阔背景上研究了先秦音乐产生的社会文化根源。蒋孔阳以扎实稳妥的文献考订为基础，探索了中国先秦时期音乐思想的特殊范畴及丰富内涵。他还采取整体研究方法，将先秦时期诸多学派的音乐思想作为一个整体来审视。蒋孔阳是我国美学大讨论的主将，也是实践派美学的重要参与者与创新者之一。特别是1993年出版的《美学新论》，是他一生美学研究的总结，也是新时期我国美学研究的重要成果与收获。他突破了实践美学"美先于美感"的基本判断，提出美与美感同生同在的观点。美与美感到底谁先谁后呢？他说，"从生活和历史的实践来说，我们很难确定先有那么一个形而上学的、与人的主体无关的美的存在，然后再由人去感受和欣赏它，再由美产生出美感来"，事实上，美与美感，像"火与光一样，同时诞生，同时存在"。这实际上是对实践美学的重大突破，并从实践美学的人生本体走向审美关系论美学，因此蒋孔阳的"新美学"可以概括为"审美关系论美学"。他提出了审美关系的四重属性：感性基础、自由属性、整体属性与情感属性。蒋孔阳突破了实践美学将实践局限于物质生产的理论界定，而是将精神生产甚至是审美活动也看作一种实践。蒋孔阳还在《美学新论》中突出了审美的"创造性"特色，提出独树一帜的"多层累的突创说"。总之，蒋孔阳的审美关系论美学是新中国成立以来直至20世纪90年代我国美学研究的一个总结。

刘纲纪是我国美学建设发展时期的重要推动者，他在美学基本理论、中国古代美学与书画美学方面取得一系列具有突破性的重要成就。刘纲纪是我国两次美学大讨论的重要参与者，也是实践美学的重要开创者之一。他在20世纪80年代出版的《艺术哲学》已经成为实践美学的经典论著之一。刘纲纪从研究马克思《1844年经济学哲学手稿》出发，提出"社会实践本体论"的重要观点，认为马克思的本体论在本质上是实践本体论，并认为物质生产实践是艺术、美感与美的本源，认为劳动对美的创造还与人类生活实践创造紧密结合。刘纲纪构建了一个实践美学理论框架，这个框架以实践本体论为哲学基础，以创造为主体性活动，最后以自由为人的根本诉求，可概括为"实践—创造—自由"相统一的美学体系。刘纲纪继承宗白华美学传统并加以发展，成为中国美学领域的重要开拓者之一。20

世纪80年代，刘纲纪与李泽厚共同主编《中国美学史》，特别是由刘纲纪独立执笔撰写的第一、二卷被认为是中国美学史的开山之作。该著作提出了中国美学史的对象、任务、特征与分期等问题，以及儒、道、释、禅四大主干的重要观点和中国美学史的六大特征，为中国美学史的进一步发展奠定了基础。刘纲纪于20世纪90年代初出版的《周易美学》是对宗白华周易美学研究的拓展，成为中国周易美学研究的经典之作。刘纲纪准确地提出将《周易》作为中国古代美学研究的切入点，挖掘其生命论美学内涵，为中国古代美学进一步健康发展找到了一条较佳路线。刘纲纪结合中国美学特别是周易美学特点提出，中国美学常常在没有"美"字的地方包含着美的内涵，从而揭示了中国美学的特殊性所在。他还具体揭示了《周易》之"元亨利贞"与"阳刚阴柔"所包含的美学内涵。刘纲纪还从中西比较视野深入阐释了《周易》之生命论美学相异于西方的特殊价值意义，《周易美学》是中华美学走向世界与走向现代的有益尝试。刘纲纪还是著名书画家，在书画美学领域建树颇多。

胡经之教授是我国文艺美学学科的重要倡导者。1980年在昆明召开的全国首届美学会上，胡经之在发言中指出，高等学校的美学教学不能只停留在讲美学原理的层面，还应开拓和发展文艺美学。这实际上是在改革开放背景下贯彻"解放思想，实事求是"思想路线的结果，试图突破以政治代艺术的错误思潮，加强对文艺内部规律的研究。胡经之又于1982年1月在北京大学出版社出版的《美学向导》一书中发表《文艺美学及其他》一文，第一次从独立学科的角度论述了文艺美学。他还于1989年在北京大学出版社出版的《文艺美学》学术专著中，全面论述了文艺美学的对象、方法与内涵。胡经之教授还主编了与文艺美学有关的《中国古典美学丛编》《中国现代美学丛编》《西方文艺理论名著教程》等书，为中国文艺美学的进一步发展奠定了文献基础。正是在胡经之等学者的不懈努力下，文艺美学正式进入被教育部认可的学科体系，成为中国语言文学学科的二级学科文艺学的重要学科方向之一，进而培养了数量众多的研究人才。

周来祥是我国美学建设发展时期的重要参与者与积极推动者。他从事美学研究60多年，涉及领域广泛，在美学基本理论、文艺美学、中国古典美学、中西比较美学与审美文化史等方面均有特殊贡献，尤其是他倾其毕生精力创立并发展了"和谐美学学派"，影响深远。他于1984年就出版了《论美是和谐》，此后又出版了《再论美是和谐》《三论美是和谐》与《古代的美　近代的美　现代的美》等论著，全面阐释了"美是和谐"的基本命题。周来祥是中国两次美学大讨论的积极参与者和实践派美学的重要推动者。他以社会实践为哲学前提，而其学术指向则是"和谐"，即"人与自然、人与社会、人与自身的和谐"，和谐既是美学追求的最高目标，也是人生最高的审美境界。他以马克思主义为指导论述了古代素朴的和谐美、近代的崇高美以及社会主义的新型的辩证的和谐美，构建了自己的"文艺美学"体系，被称为"和谐论文艺美学"。周来祥还以"和谐美学"为指导对中西美学进行了深入的比较研究，撰写了《中西古典美理论比较研究》等专著，他认为中西美学都以古典和谐美为理想，既有共同规律又有各自特点。周来祥还以"和谐美学"为指导主编了大型的六卷本《中华审美文化通史》，在中国审美文化研究方面多有建树。

在我国美学的建设发展时期，还必须提到叶朗教授对于中国传统美学研究发展所做出的重要贡献，他的《中国小说美学》《中国美学史大纲》与《美在意象》成为我国新时期传统美学研究的代表性成果。

叶秀山是我国著名哲学家与美学家，中国社科院学部委员。他的主要成就在于西方哲学研究上的诸多创新，但叶秀山对于美学也有着浓厚的兴趣，并积极参与，著作甚多，影响深远。他曾经参与了王朝闻主编的《美学概论》的编写，历时四年，做出了自己的贡献。在美学理论上，他于1988年出版著名的《思·史·诗》，成为我国最重要的现象学哲学与美学论著之一。该书深入地论述了现象学领域中哲思、历史与诗歌的关系，以及后现代理论家对此的解构与超越，给我国当代美学建设诸多启发。他于1991年出版《美的哲学》一书，该书并没有局限于美学学科内部研究范式，探讨"美"的本质与现象，而是从哲学的高度进行高屋建瓴式的阐发。叶秀山通过剖析人与世界的关系和人的生存状态，将艺术视为一种基本的生活经验和基本的文化形式、一种历史的"见证"，在独特的哲学视角下阐释了自己的美学观与艺术观，呼吁让生活充满美和诗意。叶秀山对京剧与书法有着特殊的兴趣并进行了深入的研究。20世纪60年代开始，他出版了《京剧流派欣赏》与《古中国的歌——京剧演唱艺术赏析》等书，深入阐发了作为世界三大戏剧流派之一的京剧载歌载舞的艺术特征。他酷爱中国书法，曾经在20世纪70年代特殊时期偷偷研究书法艺术并练字。1987年他出版《书法美学引论》，提出"西方文化重语言，重说；而中国文化重文字，重写"的观点，开启了从这一特殊视角进行中西对话的新领域；并在该书中提出，中国书法"是一种活动的线条的舞蹈，那么，很自然地就会以草书作为它的范本"，从美学的角度阐述了书法重节奏和韵律的美学特点，深化了我国书法美学研究。

20世纪90年代以来，中国改革开放进一步深化，工业化的弊端逐步显露。加上西方后现代文化的影响，中国文化领域逐步步入具有后现代色彩的反思与超越阶段。在美学领域，表现为对于两次美学大讨论，特别是对于"实践美学"的反思与超越，反思其固有的认识论理论根基、主客二分的思维模式与"人化自然"的理论局限，于是出现"后实践美学"。

首先是杨春时在1993年北京美学年会上提出了"超越实践美学，建立超越美学"的新见解，成为新时期当代中国美学的新气象。由此，出现"实践美学"与"后实践美学"的争论，这实际上是对实践美学的反思与超越，对于推进和活跃中国美学研究具有重要意义。杨春时也在批判以认识论为基础的实践美学的基础上建立了自己的生存论美学体系，用

"审美是自由的生存方式与超越解释方式"取代"美是人的本质力量的对象化"的定义，树立起自己的后实践美学的大旗。"生存"是其超越美学的逻辑起点，他认为，"生存"既不是"物的存在"，也不是"动物的存在"，而是"人的存在"，是一种"自我的存在""有意义的存在"。"生存"与"实践"的区别在于它有超越性的本质，以理想超越现实，以感性超越理性，以精神超越物质，以个性超越社会性。2002年之后，他从生存论走向存在论，从主体性走向主体间性，逐步建立起自己的以"存在"为本体的"主体间性"超越美学的理论体系。由此说明，中国美学发展终于开始与世界美学的发展相同步。

1900年，胡塞尔即提出"现象学"方法，"悬搁"工具理性时代流行的主客二分对立，后来又发展到"相互主体性"，即"主体间性"，欧陆现象学以及由之产生的存在论哲学与美学逐步成为哲学与美学的主潮。与之相应，英美分析哲学与美学日渐发展，以"分析"解构了各种理性主义的本质主义。中国新时期的"后实践美学"就是试图以这种现象学与分析哲学的武器，突破传统美学，建设当代新的美学形态，朱立元就是从实践美学阵营中脱颖而出的当代美学家。他是继朱光潜、汝信与蒋孔阳之后我国西方美学研究方面的代表人物。他先是协助蒋孔阳主编了七卷本的《西方美学通史》，本人也著有多本西方美学论著，具有广泛的影响。朱立元长期继承发展蒋孔阳的实践美学思想，并持此观点参加当代学术界有关实践美学的讨论。但从20世纪90年代中期以后，朱立元开始反思实践美学认识本体论的局限。他从哲学范畴"本体"即"存在"的视角思考突破实践美学认识本体论的理论框架，逐步形成自己的"实践存在论美学"理论。2004年，朱立元发表论文正式提出自己的美学思想"以实践论与存在论的结合为哲学基础"。2008年，朱立元主编的《实践存在论美学丛书》五卷本出版，将实践存在论美学以较为完整的理论形态呈现于学术界。朱立元的"实践存在论美学"的基本特点是将马克思的"实践"概念赋予"实践存在论"的崭新含义，实际上是对传统实践美学的突破与发展。他指出，马克思在《1844年经济学哲学手稿》中多次提到"存在论的"（ontologisch）一词，"有力地证明了马克思存在论思想和维度的客观存在"。他以马克思的"实践存在论"为出发点，突破传统的"美的本质"的美学研究逻辑起点，认为"审美活动是美学问题的起点"，因为审美活动是人的实践存在方式之一，而审美活动正是审美关系的具体展开。为此，朱立元突破传统的"美、美感与艺术"的三元美学研究逻辑框架，提出"审美活动—审美形态—审美经验—艺术审美—审美教育"的美学研究逻辑框架。朱立元的探索是对传统实践论美学的突破，也是对马克思美学思想的新理解与新阐释，具有重要的学术意义。

承蒙山东文艺出版社的抬爱，将笔者作品也收入本丛书。笔者是从20世纪80年代初期由于教学工作的需要参与美学研究的，主要在西方美学、审美教育与生态美学方面用力较多。西方美学方面出版《西方美学简论》《西方美学论纲》与《西方美学范畴研究》等论著，审美教育方面曾出版《美育十讲》与《美育十五讲》等论著。收入本丛书的是生态美学方面的论文。生态美学是20世纪90年代中期在反思与超越的基础上产生的一种美学形态,笔者第一篇生态美学文章《生态美学:后现代语境下崭新的生态存在论美学观》发表于2002年,此后出版《生态存在论美学论稿》《生态美学导论》《生态美学基本问题研究》与《中西对话中的生态美学》等论著。生态美学产生于反思我国严重的环境污染、人类中心论的蔓延与美学领域实践美学的"人本体""工具本体"与"自然人化"等美学观点,在哲学基础上由传统认识论过渡到实践存在论,并由人类中心论过渡到生态整体论;在美学研究对象上突破"美学是艺术哲学"的观点,而将人与自然的审美关系包含在审美对象之中;在哲学方法上,突破传统美学主客二分的认识论方法,运用生态现象学方法;在自然审美上突破传统的"人化自然"的观点,认为没有实体性的自然美,自然美是审美对象的审美属性与人的审美能力交互产生的人与自然的审美关系;在审美属性上,否定静观美学,倡导"参与美学";在美学范式上突破传统的以如画为主的形式美学,倡导一种生态存在论美学,将诗意的栖居、家园意识与场所意识等引入生态美学;在传统文化上,认为中国传统社会以农为本的特点决定了中国传统美学本身就是一种生态的美学与艺术,是一种生生美学,应当发扬光大。生态美学是一种正在建设发展中的美学形态,需要更好地结合生活与文化的现实,在中西比较对话中加以完善,有望成为与欧陆现象学生态美学、英美分析哲学环境美学鼎足而立的中国特色生态美学。

回顾历史是为了更好地推动中国美学发展,当前我国进

入中国特色社会主义建设的新时代，在"两个一百年"奋斗
目标中，国家将"美丽中国"建设写到社会主义宏伟蓝图之
上，为我国美学学科的未来发展开辟了更加广阔的天地。相
信更多的青年学者会在美学学科中大展宏图，书写更加辉煌
的美学篇章。

　　注：本文写作过程中参阅了科学出版社出版的《20世
纪中国知名科学家学术成就概览》（哲学卷）等文献。

　　　　曾繁仁2018年9月29日写，2019年3月21日改定

目录

序

　　王国维无疑是中国近代学术史上杰出的学者之一。王国维一生所关注的领域较多，且均产生了重要的影响，成为中国现代学术的典范。在他所开创的诸多学术领域中，影响最为广泛的当属美学。德国美学家鲍姆加登在西方建立了美学学科，而王国维则通过对西方美学思想的引介、研究和阐发，并与中国的审美经验相结合而推动了中国美学的现代转型。正是基于对中国美学的巨大贡献，中国美学界将他奉为中国现代美学的开创者和奠基人。

一、西方美学观念之引介

　　在十九世纪末期开启的西学东渐的大潮中，西方的人文学术被大面积地引介到中国，并对中国人文学术的观念、方法、术语乃至学科体制都产生了深远的影响。甚至可以毫不讳言地说，正是在中国传统学术与引入中国的西学思想的激烈碰撞与对话融通中，中国的人文学术才发生了重要的现代转型。虽然中国人民具有丰富的审美经验，中国古典学术史上对这些审美经验也有丰富的记述和透彻的阐释，但却并没有系统的美学理论和完备的美学学科体系。正是在西学东渐的洪流中，王国维从日本把西方的aesthetics引入中国，并沿用日本的译法将"美学"加以推广。他还向中国学术界传播了苏格拉底、柏拉图、亚里士多德、康德、席勒、叔本华、尼采等西方著名哲学家的哲学和美学思想。尤其重要的是，他对康德、席勒、叔本华和尼采的思想进行了专门研究，并阐发了他们美学中的核心观点，比如康德对知、意、情的区分和审美无功利的观点，席勒的游戏说和审美教育思想，叔本华的意志论和尼采的超人学说等等。今天看来，他的研究较为简单，或者说仅仅是简要介绍，但在当时的中国却是开风气之先，具有划时代的意义。正是在王国维的译介、推广与研究中，美学正式进入中国现代学术体系并逐渐发扬光大，自此中国才有了美学学科的萌芽和建设。

二、审美教育理念之奠基

早在1903年，王国维就在《论教育之宗旨》一文中鲜明地提出了审美教育问题，并在《哲学辨惑》等一系列文章中对其美育思想进行了深入的阐发。王国维认为教育学是心理学、伦理学和美学之应用。借用康德的观点，他将伦理学和美学作为哲学的两个重要部分，并对应康德的知性、意志和情感，提出了人心中之真、善、美三种理想境界。哲学是对真、善、美三者之原理的研究，教育之宗旨则是造就真、善、美之人物，即"完全之人"，而"完全之人"就是人的各项能力无不发达且协调发展。他将人的能力分为身体能力和精神能力两个方面，而精神能力则进而分为知力、意志和感情。三者的理想对应于真、善和美，而其教育则对应于智育、德育和美育。美育是情感教育，而人的情感生活的最高阶段即美的理想。因此，不同于智育的知识和智力教育、德育的思想道德教育，美育的根本目的是"培养其趣味而发展其美之感觉也"。在教育活动中，美育"一面使人之感情发达，以达完美之域；一面又为德育与智育之手段"。三育并举，才能使人渐达真、善、美之理想，又加以身体训练，才能够成为"完全之人"。"完全之教育"就是三育的共同协调发展。然而，在王国维看来，相对于智育、德育乃至体育，美育往往被当时的国人所忽视，其原因是多重的。从哲学角度看，美育乃情感教育，而近世哲学并没有赋予感情以独立价值；从教学实践来看，美育教材匮乏；从社会价值来看，相较于技术教育的直接实用性，审美教育的效果体现得并不明显，因此在社会上风靡一时的"功利主义"的笼罩下，审美教育自然被边缘化。

正是基于对美育之重要性的认识及国人对美育的忽视，王国维才大力提倡审美教育。在中国发展审美教育，首先就是对西方系统的审美教育思想进行介绍和评述。在这方面，王国维继承了康德以来的审美无功利思想和审美直觉说。他说："惟美之为物，不与吾人之利害相关系，而吾人观美时，亦不知有一己之利害。"物之所以美，在于其形式，而我之所以能够在其形式中感觉到美，则因此刻的审美主体乃"纯粹无欲之我"。王国维进而根据在审美活动中主体是否含有"利害"与"意志"而区分了优美与崇高（壮美）之感情。"今有一物，令人忘利害之关系，而玩之而不厌者，谓之曰优美之感情。若其物直接不利于吾人之意志，而意志为之破裂，惟由知识冥想其理念者，谓之曰壮美之感情。"然而，唯有天才才可以长期保持无欲的状态，普通人则"终身局于利害之桎梏中，而不知美之为何物"。因此"美之对吾人也，仅一时之救济，而非永远之救济"。也正是因为如此，王国维把美学引入了伦理学，认为生活之欲乃苦痛之源，唯有"博爱"与"克己"才能灭绝生活之欲而进入"涅槃之境"。王国维认为要摆脱生活固有之欲念而进入这种"涅槃之境"唯有通过"直观"。这种"直观"的审美方式是可以通过艺术教育进行培养的，因为"美术之知识全为直观之知识，而无概念杂乎其间"，因此美术或艺术相比于科学更利于人格的培养和完善，艺术教育或美育也就成为教育中的应有之义。

王国维进而提出了在学校教育中施行美育的具体方案。在他看来，大学生，尤其是大学的文科生应该多学美学。当时的大学文科教育分为经学、理学、史学、中国文学和外国文学这五大专业，而在他提出的课程设置中，中国文学和外国文学两个专业均需开设美学课程。如果说大学美学课重在美学理论的学习，那么中小学则应侧重于具体的门类艺术，尤其是音乐和美术的教育。王国维认为，中小学应开设音乐课程，既要注重声音之美，也要强调歌词之美，借此来"调和其感情""陶冶其意志""练习其聪明官及发声器"。

而且，王国维也看到，审美教育不只限于艺术课程教育，还应该体现在学校的审美环境、审美化的校风和教师的审美品位等方面；不只限于学校教育，还应该贯穿到家庭教育和日常生活中。与西方康德、席勒、叔本华相比，我国缺乏系统的美育思想，但却并不乏美育实践。王国维认为，孔子的教育在某种程度上就可以看成是审美教育。在观念上，孔子强调诗可以兴、观、群、怨，强调《韶》的审美熏陶作用，更强调"暮春者，春服既成，冠者五六人，童子六七人，浴乎沂，风乎舞雩，咏而归"这样的能够涵养情感的日常审美活动。因此，王国维在介绍西方审美教育理论，提倡审美教育实践的同时，也把目光投向中国传统教育，发掘其中所包含的美育因素。这样，王国维就建构起了一套比较完备的审美教育理论，对中国现代美育的发展产生了重要的奠基作用。

三、文艺美学研究之典范

与中国有无哲学、有无悲剧的讨论一样，中国有无美学也曾引起学界的讨论。显然，如果用西方鲍姆加登、康德和席勒等侧重思辨的哲学美学为标尺，中国美学显然难以符合其标准。这种"线性"的文化模式理论已经备受诟病，我们更赞同文化模式的"类型"说，即认为中国的哲学、悲剧和美学是一种不同于西方的"类型"，具有其自身的特点。中国传统美学并不侧重玄思和逻辑，而是更加侧重审美经验，尤其是体现在文学艺术中的审美经验。如果我们把西方美学的主要形态概括为哲学美学，那么中国美学的主要形态则是文艺美学。王国维的美学就继承了中国美学的这一传统。如果说对西方美学的介绍是他的美学知识储备，提倡审美教育是他的美学在教育领域的实践，那么《〈红楼梦〉评论》和《人间词话》则是他的美学观在文艺批评领域的具体实践。

王国维对《红楼梦》的悲剧性及其美学意蕴进行了非常深刻的挖掘和阐发。王国维沿袭了叔本华的哲学观，认为生活之本质即欲望，而人生之苦痛则源自无穷之欲望不能得到满足。这就为文学艺术的存在提供了土壤。文学艺术的要务就在"描写人生之苦痛与其解脱之道"，使人在艺术的欣赏中远离生活之欲望的斗争，"而得其暂时之平和"。在王国维看来，我国文学中具有此"厌世解脱之精神"的作品仅有《桃花扇》和《红楼梦》，但这两部作品中所包孕的"厌世解脱之精神"却具有不同的性质，体现出不同的特征和品格。如果说《桃花扇》的解脱是他律的，那么《红楼梦》的解脱则是自律的；《桃花扇》的解脱是政治的、国民的、历史的，那么《红楼梦》的解脱则是哲学的、宇宙的、文学的。而且，与我国大多数悲剧所具有的大团圆结局不同，《红楼梦》所蕴含的并不是中国式的"乐天"精神，而是鲜明的美学意义上的悲剧性，因而是一部"彻头彻尾之悲剧"。与亚里士多德的悲剧观相似，王国维认为，《红楼梦》的悲剧性不在于写极恶之人遭受厄运，也不是盲目的命运使然，而是"由于剧中之人物之位置及关系，而不得不然者；非必有蛇蝎之性质与意外之变故也"。从这个意义上来说，《红楼梦》可谓"悲剧中之悲剧"，它所彰显的不是优美，而是壮美或崇高。显然，王国维对《红楼梦》的"悲剧精神"的美学解读，要比当时的索隐派的考据甚至比附，以及侧重对其故事和人物进行社会历史分析的批评方法更具穿透力。

《人间词话》是王国维的文艺美学研究的典范之作。在这部格言式的诗词评论中，王国维提出了他著名的境界论。在他看来，虽然中国古典诗论有"气质""神韵"等很有价值的范畴，但均不如"境界"更具说服力。"言气质，言神韵，不如言境界。有境界，本也。气质、神韵，末也。有境界而二者随之矣。""词以境界为最上。有境界则自成高格，自有名句。"境界乃诗词之根本，是诗词格调高低之界标，也是诗词审美价值之源泉。诗词之美即在其"境界"。他进而指出，诗词要有境界，贵在其"真"，即写"真景物""真感情"，反对浮夸与伪饰。"故能写真景物、真感情者，谓之有境界。否则谓之无境界。"境界也有大小之别，"大家之作，其言情也必沁人心脾，其写景也必豁人耳目"。王国维进而区分了审美主体"我"与审美对象"物"之间的辩证关系。从物—我关系的角度，他将"境界"分为"有我之境"与"无我之境"。所谓"有我之境"，是审美主体将自我投射或移情到审美对象上，"以我观物，故物皆着我之色彩"。而无我之境，则要突破主客二分的审美关照模式，审美主体摆脱一切功利目的或欲念，与审美对象融为一体，"以物观物，故不知何者为我，何者为物"。在这两种境界之中，后者要高于前者，自然难度也就更高，因此写有我之境者多，而写无我之境者少。王国维进而将"境界说"从诗学范畴的"审美境界"提升为"人生境界"和"学问境界"。"昨夜西风凋碧树。独上高楼，望尽天涯路"，此第一境也。"衣带渐宽终不悔，为伊消得人憔悴"，此第二境也。"众里寻他千百度，蓦然回首，那人却在灯火阑珊处"，此第三境也。

四、中西古今融通之方法

无论是对西方美学的译介、审美教育理念的提出，还是文艺美学的理论建构和批评实践，均鲜明地体现了王国维学术研究中古与今、中与西相融通的方法论。在《〈国学丛刊〉序》一文中，王国维阐述了他的这一观点。"学之义，不明于天下久矣！今之言学者，有新旧之争，有中西之争，有有用之学与无用之学之争。余正告天下曰：学无新旧也，无中西也，无有用无用也。凡立此名者，均不学之徒，即学焉而未尝知学者也。"王国维的这一论断是有明确的现实针对性的。在西学东渐的大潮中，很多人秉持"中体西用"的态度，主张学习西方的科学技术，但在政治体制和人文学术方面则坚持中国古代传统；也有很多人完全相反，主张向西方学习，甚至全盘西化；也有人认为科学技术乃立国之本的有用之学，而人文学术则是无用之学。这种古与今、中与西、有用与无用的二元对立的论争至今不绝于耳。王国维处于古与今、中与西相激荡的时代，他突破这种二元对立，将古今中西熔于一炉，并付诸批评实践。他的这种学术立场和研究方法具有典范性和超越时代的价值，对于我们今天建构中国学术话语体系仍具有重要的借鉴意义。

杨建刚

2019年1月17日

哲学辨惑①

　　甚矣，名之不可以不正也！观去岁南皮尚书之陈学务折，及管学大臣张尚书之复奏折：一虞哲学之有流弊，一以名学易哲学。于是海内之士颇有以哲学为诟病者。夫哲学者，犹中国所谓"理学"云尔。艾儒略《西学发凡》有"费禄琐非亚"之语，而未译其义。"哲学"之语实自日本始。日本称自然科学曰"理学"，故不译"费禄琐非亚"曰"理学"，而译曰"哲学"。我国人士骇于其名，而不察其实，遂以哲学为诟病，则名之不正之过也。今辨其惑如下：

　　一、**哲学非有害之学**。今之诟病哲学者，岂不曰自由平等民权之说由哲学出，今弃绝哲学，则此等邪说可以熄乎？夫此等说之当否，姑置不论。夫哲学中亦非无如此之说，然此等思想于哲学中不占重要之位置。霍布士之绝对国权论，与福禄特尔、卢骚之绝对民权论，皆为哲学说之一。今以福禄特尔、卢骚之故而废哲学，何不一思霍布士之说乎？且古之时有倡言民权者矣，孟子是也。今若举天下之言民权，而归罪于孟子，废孟子而不立诸学官，斯亦过矣！欲废哲学者何以异于是！且今之言自由平等、言革命者，果皆自哲学上之研究出欤？抑但习闻他人之说而称道

————————
　　① 刊于1903年7月《教育世界》55号。

之欤？夫周秦与宋代，中国哲学最盛之时也。而君主之威权不因之而稍替。明祖之兴，而李自成、洪秀全之乱，宁皆有哲学家说以鼓舞之欤？故不研究哲学则已，苟研究哲学则必博稽众说而惟真理之是从。其视今日浅薄之革命家，方鄙弃之不暇，而又奚惑焉！则竟以此归狱于哲学者，非也。且自由平等说非哲学之原理，乃法学、政治学之原理也。今不以此等说废法学、政治学，何独至于哲学而废之？此余所不解者一也。

二、**哲学非无益之学**。于是说者曰：哲学即令无害，决非有益，非叩虚课寂之谈，即骛广志荒之论。此说不独我国为然，虽东西洋亦有之。夫彼所谓无益者，岂不以哲学之于人生日用之生活无关系乎？夫但就人生日用之生活言，则岂徒哲学为无益，物理学、化学、博物学，凡所谓纯粹科学，皆与吾人日用之生活无丝毫之关系。其有实用于人者，不过医、工、农等学而已。然人之所以为人者，岂徒饮食男女，芸芸以生、厌厌以死云尔哉！饮食男女，人与禽兽之所同，其所以异于禽兽者，则岂不以理性乎哉！宇宙之变化，人事之错综，日夜相迫于前，而要求吾人之解释，不得其解，则心不宁。叔本华谓人为"形而上学之动物"，洵不诬也。哲学实对此要求，而与吾人以解释。夫有益于身者与有益于心者之孰轩孰轻，固未易论定者。巴尔善曰："人心一日存，则哲学一日不亡。"使说者而非人，则已；说者而为人，则已于冥冥之中，认哲学之必要，而犹必诋之为"无用"，此其不可解者二也。

三、**中国现时研究哲学之必要**。尤可异者，则我国上下日日言教育，而不喜言哲学。夫既言教育，则不得不言教育学；教育学者，实不过心理学、伦理学、美学之应用。心理学之为自然科学而与哲学分离，仅曩日之事耳；若伦理学与美学，则尚俨然为哲学中之二大部。今夫人之心意，有知力，有意志，有感情；此三者之理想，曰真，曰善，曰美。哲学实综合此三者而论其原理者也。教育之宗旨，亦不外造就真善美之人物，故谓教育学上之理想，即哲学上之理想，无不可也。试读西洋之哲学史、教育学史，哲学者而非教育学者有之矣，未有教育学者而不通哲学者也。不通哲学而言教育，与不通物理、化学而言工学，不通生理学、解剖学而言医学，何以异？今日日言教育，言伦理，而独欲废哲学，此其不可解者三也。

四、哲学为中国固有之学。今之欲废哲学者，实坐不知哲学为中国固有之学故。今姑舍诸子不论，独就六经与宋儒之说言之。夫六经与宋儒之说，非著于功令而当时所奉为正学者乎？周子"太极"之说，张子"正蒙"之论，邵子之《皇极经世》，皆深入哲学之问题。此岂独宋儒之说为然，六经亦有之。《易》之"太极"，《书》之"降衷"，《礼》之"中庸"，自说者言之，谓之非虚非寂，得乎？今欲废哲学，则六经及宋学皆在所当废，此其所不解者四也。

五、研究西洋哲学之必要。于是，说者曰：哲学既为中国所固有，则研究中国之哲学足矣，奚以西洋哲学为？此又不然。余非谓西洋哲学之必胜于中国，然吾国古书，大率繁散而无纪，残缺而不完，虽有真理，不易寻绎，以视西洋哲学之系统灿然、步伐严整者，其形式上之孰优孰劣，固自不可掩也。且今之言教育学者，将用《论语》《学记》作课本乎？抑将博采西洋之教育学以充之也？于教育学然，于哲学何独不然？且欲通中国哲学，又非通西洋之哲学不易明也。近世中国哲学之不振，其原因虽繁，然古书之难解，未始非其一端也。苟通西洋之哲学以治吾中国之哲学，则其所得当不止此。异日昌大吾国固有之哲学者，必在深通西洋哲学之人，无疑也。今欲治中国哲学，而废西洋哲学，其不可解者五也。

余非欲使人人为哲学家，又非欲使人人研究哲学，但专门教育中，哲学一科必与诸学科并立，而欲养成教育家，则此科尤为要。吾国人士所以诟病哲学者，实坐不知哲学之性质之故，苟易其名曰"理学"，则庶可以息此争论哉！庶可以息此争论哉！

汗德之哲学说[①]

凯尼斯堡之大哲人汗德（Immanuel Kant）之位置，所以超绝于众者，在其包容启蒙期哲学（谓十八世纪之哲学）之思想，而又加以哲学之新问题及新方法也。彼夙修伏尔夫（Wolff）之形而上学，及德国之通俗哲学，又潜心于休蒙（Hume）之经验论，卢骚（Rousseau）之自然论。此外如奈端（Newton）之自然哲学，英国心理学中之人之知（情）意之分析论，法国启蒙期之自由论，及自托兰（Toland）至福禄特尔（Voltaire）之理神论，此皆启蒙期哲学之最著者，而各占汗德思想之一部分者也。

然汗德哲学之特质，则在其提出知识之问题也。彼夙信形而上学，而欲于此要求道德及宗教之科学的说明。然由多年之研究，知往日之纯理论不能偿此要求，又由心理学之方法，知经验论之哲学亦有界限。比研究休蒙之说，此意益强。遂翻然欲由拉衣白尼志（Leibnitz）之《悟性新论》，而再建形而上学。然不满于其本有观念之说，于是由千七百七十年至千七百八十年间之长研究，遂于其所著《纯粹理性批评》中得知识论上之结论。此书之特质，在示心理学上之方法之不足解哲学上之问题，及区别人之理性之渊源之问

_____

①汗德：现在通译为康德。此文刊于1904年3月《教育世界》74号。

题与其价值之问题为二是也。彼之研究之端绪，不求诸物，而求诸理性，与启蒙期之哲学者同。然谓理性中之普遍的判断，而超越一切之经验者，其确实性不能由经验论及本有论说明之。而谓哲学之事业，亦示人类理性之作用，即由此等判断之内容及关系，而于理性之生活（即由此等判断所决定者）中，定其权能（谓由此等判断所知者）及其界限（谓其所不能知者）也。

汗德名此事业曰"理性之批评"，其方法谓之"批评的""先天的"方法，而此方法之对象，即"先天的综合判断之可能性"是也。

（原注）汗德于《纯粹理性批评》之绪论中，论综合判断与分析判断之区别，曰：于一判断中，其客语之概念已含于主语中者，谓之曰分析判断。加〔如〕云"空间有延长性"，此分析判断也。何则？延长性之概念已含于空间之概念中故也。综合判断则反是，客语之概念不含于主语中，而由他处得之。如云"物体有重量"，此综合判断也。何则？重量之概念不含于物体之概念中，而必由经验知之故也。此等综合判断，自经验上得之者，谓之后天的综合判断。先天的综合判断，则不俟经验而自得者，数学上之命题是也。如云"12=7+5"，此先天的综合判断也。何则？"十二"之数之概念中，非有"七"与"五"之二数之概念，而其发见之也，又不俟经验故也。而汗德之所谓"先天的"者，非有时间上之意义，而但有知识论上之意义，即非谓先经验而存在，而但谓其普遍性及必然性，超越一切经验，而非可由经验论证之者也。

而此理性之原则之确实性，与其现于经验的意识时之状态，全无关系者也。古代之哲学，或以为此等原则出于感觉中之原质，或由形而上学之假定，而以为本有者，皆独断的哲学也。批评哲学或先天的哲学则不然。必先检此等原则发现之形式，及其于经验上所有之普遍性及必然性，此汗德哲学之特色也。汗德于是就理性之作用，为系统的研究，以立其原则，而检其效力。即批评之方法先自知识论始，渐及其他。而当时心理学上之分类法，为彼之哲学问题分类之根据，即谓理性现于知、情、意三大形式中。而理性之批评亦必从此分类。故汗德之哲学分为三部：即理论的（论知力）、实践的（论意志）、审美的（论感情）。其主要之著述亦分为三：即《纯粹理性批评》《实践理性批评》及《判断力批评》是也。

叔本华与尼采[1]

十九世纪中，德意志之哲学界有二大伟人焉：曰叔本华（Schopenhauer），曰尼采（Nietzsche）。二人者，以旷世之文才，鼓吹其学说也同；其说之风靡一世，而毁誉各半也同；就其学说言之，则其以意志为人性之根本也同。然一则以意志之灭绝，为其伦理学上之理想，一则反是；一则由意志同一之假说，而唱绝对之博爱主义，一则唱绝对之个人主义。夫尼采之学说，本自叔本华出，曷为而其终乃反对若是？岂尼采之背师，固若是其甚欤？抑叔本华之学说中，自有以启之者欤？自吾人观之，尼采之学说全本于叔氏。其第一期之说，即美术时代之说，其全负于叔氏，固可勿论。第二期之说，亦不过发挥叔氏之直观主义。其末期之说，虽若与叔氏相反对，然要之不外以叔氏之美学上之天才论，应用于伦理学而已。兹比较二人之说，好学之君子以览观焉。

叔本华由锐利之直观与深邃之研究，而证吾人之本质为意志，而其伦理学上之理想，则又在意志之寂灭。然意志之寂灭之可能与否，一不可解之疑问也（其批评见《红楼梦评论》第四章）。尼采亦以意志为人之本质，而独疑叔氏伦理学之寂灭说，谓欲寂灭此意

---

[1] 此文作于1904年，收入《静庵文集》。

志者，亦一意志也。于是由叔氏之伦理学出而趋于其反对之方向，又幸而于叔氏之伦理学上所不满足者，于其美学中发见其可模仿之点，即其天才论与知力的贵族主义，实可为超人说之标本者也。要之，尼采之说，乃彻头彻尾发展其美学上之见解，而应用之于伦理学，犹赫尔德曼之无意识哲学，发展其伦理学之见解者也。

叔氏谓吾人之知识，无不从充足理由之原则者，独美术之知识不然。其言曰：

> 一切科学，无不从充足理由原则之某形式者。科学之题目，但现象耳，现象之变化及关系耳。今有一物焉，超乎一切变化关系之外，而为现象之内容，无以名之，名之曰"实念"。问此实念之知识为何？曰："美术是已。"夫美术者，实以静观中所得之实念，寓诸一物焉而再现之。由其所寓之物之区别，而或谓之雕刻，或谓之绘画，或谓之诗歌、音乐，然其惟一之渊源，则存于实念之知识，而又以传播此知识为其惟一之目的也。一切科学，皆从充足理由之形式。当其得一结论之理由也，此理由又不可无他物以为之理由，他理由亦然。譬诸混混长流，永无渟潴之日；譬诸旅行者，数周地球，而曾不得见天之有涯、地之有角。美术则不然，固无往而不得其息肩之所也。彼由理由结论之长流中，拾其静观之对象而使之孤立于吾前，而此特别之对象，其在科学中也，则藐然全体之一部分耳。而在美术中，则遽而代表其物之种族之全体，空间时间之形式对此而失其效，关系之法则至此而穷于用，故此时之对象，非个物而但其实念也。吾人于是得下美术之定义曰：美术者，离充足理由之原则，而观物之道也。此正与由此原则观物者相反对。后者如地平线，前者如垂直线；后者之延长虽无

限，而前者得于某点割之；后者合理之方法也，惟应用于生活及科学；前者天才之方法也，惟应用于美术；后者雅里大德勒之方法，前者柏拉图之方法也，后者如终风暴雨，震撼万物，而无始终，无目的；前者如朝日漏于阴云之罅，金光直射，而不为风雨所摇；后者如瀑布之水，瞬息变易，而不舍昼夜，前者如涧畔之虹，立于鞳鞳澎湃之中，而不改其色彩。（英译《意志及观念之世界》第一百三十八页至一百四十页）

夫充足理由之原则，吾人知力最普遍之形式也。而天才之观美也，乃不沾沾于此。此说虽本于希尔列尔（Schiller）[①]之游戏冲动说，然其为叔氏美学上重要之思想，无可疑也。尼采乃推之于实践上，而以道德律之于超人，与充足理由原则之于天才一也。由叔本华之说，则充足理由之原则非徒无益于天才，其所以为天才者，正在离之而观物耳。由尼采之说，则道德律非徒无益于超人，超道德而行动，超人之特质也。由叔本华之说，最大之知识，在超绝知识之法则。由尼采之说，最大之道德，在超绝道德之法则。天才存于知之无所限制，而超人存于意之无所限制。而限制吾人之知力者，充足理由之原则；限制吾人之意志者，道德律也。于是尼采由知之无限制说，转而唱意之无限制说。其《察拉图斯德拉》第一篇中之首章，述灵魂三变之说曰：

　　察拉图斯德拉说法于五色牛之村曰：吾为汝等说灵魂之三变，灵魂如何而变为骆驼，又由骆驼而变为狮，由狮而变为赤

①希尔列尔：现在通译为席勒，德国美学家，审美教育理论的代表人物之一。著有《审美教育书简》等。

子乎？于此有重荷焉，强力之骆驼负之而趋，重之又重，以至
于无可增，彼固以此为荣且乐也。此重物何？此最重之物何？
此非使彼卑弱而污其高严之衮冕者乎？此非使彼炫其愚而匿其
知者乎？此非使彼拾知识之橡栗而冻饿以殉真理者乎？此非使
彼离亲爱之慈母而与聋瞽为侣者乎？世有真理之水，使彼入
水而友蛙龟者，非此乎？使彼爱敌而与狞恶之神握手者，非此
乎？凡此数者，灵魂苟视其力之所能及，无不负也。如骆驼之
行于沙漠，视其力之所能及，无不负也。既而风高日黯，沙飞
石走，昔日柔顺之骆驼，变为猛恶之狮子，尽弃其荷，而自为
沙漠主，索其敌之大龙而战之。于是昔日之主，今日之敌；昔
日之神，今日之魔也。此龙何名？谓之"汝宜"。狮子何名？谓
之"我欲"。邦人兄弟，汝等必为狮子，毋为骆驼，岂汝等任
裁之日尚短，而负担尚未重欤？汝等其破坏旧价值（道德）而
创作新价值，狮子乎？言乎破坏则足矣，言乎创作则未也。然
使人有创作之自由者，非彼之力欤？汝等胡不为狮子？邦人兄
弟，狮子之变为赤子也何故？狮子之所不能为，而赤子能之者
何？赤子若狂也，若忘也，万事之源泉也，游戏之状态也，自
转之轮也，第一之运动也，神圣之自尊也。邦人兄弟，灵魂之
为骆驼，骆驼之变而为狮，狮之变而为赤子，余既诏汝矣。（英
译《察拉图斯德拉》二十五页至二十八页）

其赤子之说，又使吾人回想叔本华之天才论曰：

　　天才者，不失其赤子之心者也。盖人生至七年后，知识之
机关即脑之质与量已达完全之域，而生殖之机关尚未发达，故
赤子能感也，能思也，能教也。其爱知识也，较成人为深，而

其受知识也，亦视成人为易。一言以蔽之曰：彼之知力盛于意志而已。即彼之知力之作用，远过于意志之所需要而已。故自某方面观之，凡赤子皆天才也。又凡天才，自某点观之，皆赤子也。昔海尔台尔（Herder）谓格代（Goethe）曰："巨孩"。音乐大家穆差德（Mozart）亦终生不脱孩气，休利希台额路尔谓彼曰："彼于音乐，幼而惊其长老，然于一切他事，则壮而常有童心者也。"（英译《意志及观念之世界》第三册六十一页至六十三页）

至尼采之说超人与众生之别，君主道德与奴隶道德之别，读者未有不惊其与叔氏伦理学上之平等博爱主义相反对者。然叔氏于其伦理学及形而上学所视为同一意志之发现者，于知识论及美学上，则分之为种种之阶级，故古今之崇拜天才者，殆未有如叔氏之甚者也。彼于其大著述第一书之补遗中，说知力上之贵族主义曰：

　　知力之拙者，常也；其优者，变也；天才者，神之示现也。不然？则宁有以八百兆之人民，经六千年之岁月，而所待于后人之发明思索者，尚如斯其众耶！夫大智者，固天之所吝，天之所吝，人之幸也。何则？小智于极狭之范围内，测极简之关系，比大智之冥想宇宙人生者，其事逸而且易。昆虫之在树也，其视盈尺以内，较吾人为精密，而不能见人于五步之外。故通常之知力，仅足以维持实际之生活耳。而对实际之生活，则通常之知力，固亦已胜任而愉快，若以天才处之，是犹用天文镜以观优，非徒无益，而又蔽之。故由知力上言之，人类真贵族的也，阶级的也。此知力之阶级，较贵贱贫富之阶级为尤著。其相似者，则民万而始有诸侯一，民兆而始有天子一，民京埃而始有天才一耳。故有天才者，往往不胜孤寂之感。白衣龙（Byron）于其《唐旦之预言诗》中咏之曰：

"To feel me in the solitude of kings
Without the power that make them bear a crown."

予苓寂而无友兮，羌独处乎帝之庭。冠玉冕之崔巍兮，夫固蹒蹦而不能胜。（略译其大旨）

此之谓也。（同前书第二册三百四十二页）

此知力的贵族与平民之区别外，更进而立大人与小人之区别曰：

一切俗子，因其知力为意志所束缚，故但适于一身之目的。由此目的出，于是有俗滥之画，冷淡之诗，阿世媚俗之哲学。何则？彼等自己之价值，但存于其一身一家之福祉，而不存于真理故也。惟知力之最高者，其真正之价值，不存于实际，而存于理论，不存于主观，而存于客观，端端焉力索宇宙之真理而再现之。于是彼之价值，超乎个人之外，与人类自然之性质异。如彼者，果非自然的欤？宁超自然的也。而其人之所以大，亦即存乎此。故图画也，诗歌也，思索也，在彼则为目的，而在他人则为手段也。彼牺牲其一生之福祉，以殉其客观上之目的，虽欲少改焉而不能。何则？彼之真正之价值，实在此而不在彼故也。他人反是，故众人皆小，彼独大也。（前书第三册第一百四十九页至第一百五十页）

叔氏之崇拜天才也如是，由是对一切非天才而加以种种之恶谥：曰俗子（Philistine），曰庸夫（Populase），曰庶民（Mob），曰舆台（Rabble），曰合死者（Mortal）。尼采则更进而谓之曰众生（Herd），曰众庶（Far-too-many）。其所以异者，惟叔本华谓知力上之阶级惟由道德联结之，尼采则谓此阶级于知力道德皆绝对的，而不可调和者也。

叔氏以持知力的贵族主义，故于其伦理学上虽奖卑屈（Humility）之行，而于其美学上大非谦逊（Modesty）之德曰：

> 人之观物之浅深明暗之度不一，故诗人之阶级亦不一。当其描写所观也，人人殆自以为握灵蛇之珠，抱荆山之玉矣。何则？彼于大诗人之诗中，不见其所描写者或逾于自己。非大诗人之诗之果然也，彼之肉眼之所及，实止于此，故其观美术也，亦如其观自然，不能越此一步也。惟大诗人见他人之见解之肤浅，而此外尚多描写之余地，始知己能见人之所不能见，而言人之所不能言。故彼之著作不足以悦时人，只以自赏而已。若以谦逊为教，则将并其自赏者而亦夺之乎。然人之有功绩者，不能掩其自知之明。譬诸高八尺者暂而过市，则肩背昂然，齐于众人之首矣。千仞之山，自巅而视其麓也，与自麓而视其巅等。霍兰士（Horace）、鲁克来鸠斯（Lucletius）、屋维特（Ovid）及一切古代之诗人，其自述也，莫不有矜贵之色。唐旦（Dante）然也，狭斯丕尔（Shakespeare）然也，柏庚（Bacon）亦然也。故大人而不自见其大者，殆未之有，惟细人者自顾其一生之空无所有，而聊托于谦逊以自慰，不然则彼惟有蹈海而死耳。某英人尝言曰："功绩（Merit）与谦逊（Modest）除二字之第一字母外，别无公共之点。"格代亦云："惟一无所长者乃谦逊耳。"特如以谦逊教人责人者，则格代之言，尤不我欺也。（同前书第三册二百零二页）

吾人且述尼采之《小人之德》一篇中之数节以比较之。其言曰：

　　察拉图斯德拉远游而归，至于国门，则眇焉若狗窦，匍匐而后能入。既而览乎民居，粲焉若傀儡之箱，鳞次而栉比，叹曰：夫造物者，宁将以彼为此拘拘也。吾知之矣，使彼等藐焉若此者，非所谓德性之教耶？彼等好谦逊，好节制，何则？彼等乐其平易故也。夫以平易而言，则诚无以逾乎谦逊之德者矣。彼等尝学步矣，然非能步也，暂也。彼且暂且顾，且顾且暂，彼之足与目，不我欺也。彼等之小半能欲也，而其大半被欲也。其小半，本然之动作者也，其大半反是。彼等皆不随意之动作者也，与意识之动作者也，其能为自发之动作者希矣。其丈夫既藐焉若此，于是女子亦皆以男子自处。惟男子之得全其男子者，得使女子之位置复归于女子。其最不幸者，命令之君主，亦不得不从服役之奴隶之道德。"我役、汝役、彼役，"此道德之所命令者也。哀哉！乃使最高之君主，为最高之奴隶乎？哀哉！其仁愈大，其弱愈大；其义愈大，其弱愈大。此道德之根柢，可以一言蔽之曰："毋害一人。"噫！道德乎？卑怯耳！然则彼等所视为道德者，即使彼等谦逊驯扰者也，是使狼为羊，使人为人之最驯之家畜者也。（《察拉图斯德拉》第二百四十八页至二百四十九页）

尼采之恶谦逊也亦若此，其应用叔氏美学之说于伦理学上，昭然可见。夫叔氏由其形而上学之结论，而谓一切无生物、生物，与吾人皆同一意志之发现。故其伦理学上之博爱主义，不推而放之于禽兽草木不止，然自知力上观之，不独禽兽与人异焉而已，即天才与众人间，男子与女子间，皆有斠然不可逾之界限。但其与尼采异者，一专以知力言，一推而论之于意志，然其为贵族主义则一也。又叔本华亦力攻基督教曰："今日之基督教，非基督之本意，乃复活之犹太教耳。"其所以与尼采异者，一则攻击其乐天主义，一则并其厌世主义而亦攻之，然其为无神论则一也。叔本华说涅槃，尼采则说转灭。一则欲一灭而不复生，一则以灭为生超人之手段，其说之所归虽不同，然其欲破坏旧文化而创造新文化则一也。况其超人说之于天才说，又历历有模仿之迹乎。然则吾人之视尼采，与其视为叔氏之反对者，宁视为叔氏之后继者也。

又叔本华与尼采二人之相似，非独学说而已，古今哲学家性行之相似，亦无若彼二人者。巴尔善之《伦理学系统》，与文特尔朋《哲学史》中，其述二人学说与性行之关系，甚有兴味。兹援以比较之。巴尔善曰：

叔本华之学说，与其生活实无一调和之处。彼之学说，在脱屣世界与拒绝一切生活之意志，然其性行则不然。彼之生活，非婆罗门教、佛教之克己的，而宁伊壁鸠鲁之快乐的也。彼自离柏林后，权度一切之利害，而于法兰克福特及曼亨姆之间定其隐居之地。彼虽于学说上深美悲悯之德，然彼自己则无之。古今之攻击学问上之敌者，殆未有酷于彼者也。虽彼之酷于攻击，或得以辩护真理自解乎。然何不观其对母与妹之关系也？彼之母妹，斩焉陷于破产之境遇，而彼独保其自己之财产。彼终其身惴惴焉，惟恐分有他人之损失及他人之苦痛。要之，彼之性行之冷酷无可讳也，然则彼之人生观，果欺人之语欤？曰："否。"彼虽不实践其理想上之生活，固深知此生活之价值者也。人性之二元中，理欲二者，为反对之两极，而二者以彼之一生为其激战之地。彼自其父遗传忧郁之性质，而其视物也，恒以小为大，以常为奇，方寸之心，充以弥天之欲，忧患、劳苦、损失、疾病迭起互伏，而为其恐怖之对象，其视天下人无一可信赖者。凡此数者，有一于此，固足以疲其生活而有余矣。此彼之生活之一方面也，其在他方面，则彼大知也，天才也，富于直观之力，而饶于知识之乐，视古之思想家，有过之无不及。当此时也，彼远离希望与恐怖，而追求其纯粹之思索，此彼之生活中最慰藉之顷也。逮其情欲再现，则畴昔之平和破，而其生活复以忧患恐惧充之。彼明知其失而无如之何，故彼每曰："知意志之过失，而不能改之，此可疑而不可疑之事实也。"故彼之伦理说，实可谓其罪恶之自白也。（巴尔善《伦理学系统》第三百十一页至三百十二页）

巴氏之说固自无误，然不悟其学说中于知力之元质外，尚有意志之元质（见下文）。然其叙述叔氏知意之反对甚为有味。吾人更述文特尔朋之论尼采者比较之曰：

彼之性质中争斗之二元质，尼采自谓之曰"地哇尼苏斯（Dionysus）"，曰"亚波罗（Apollo）"。前者主意论，后者主知论也。前者叔本华之意志，后者海额尔之理念也。彼之知力的修养与审美的创造力，皆达最高之程度，彼深观历史与人生，而以诗人之手腕再现之。然其性质之根柢，充以无疆之大欲，故科学与美术不足以拯之，其志则专制之君主也，其身则大学之教授也。于是彼之理想实往复于知力之快乐与意志之势力之间，彼俄焉委其一身于审美的直观与艺术的制作，俄焉而欲展其意志、展其本能、展其情绪，举昔之所珍赏者一朝而舍之。夫由其人格之高尚纯洁观之，则耳目之欲于彼固一无价值也。彼所求之快乐，非知识的，即势力的也。彼之一生疲于二者之争斗，迨其暮年，知识美术道德等一切，非个人及超个人之价值不足以厌彼，彼翻然而欲于实践之生活中，发展其个人之无限之势力。于是此战争之胜利者，非亚波罗而地哇尼苏斯也，非过去之传说而未来之希望也。一言以蔽之：非理性而意志也。（文特尔朋《哲学史》第六百七十九页）

由此观之，则二人之性行，何其相似之甚欤！其强于意志，相似也；其富知力，相似也；其喜自由，相似也。其所以不相似而相似，相似而又不相似者，何欤？

呜呼！天才者，天之所靳，而人之不幸也。蚩蚩之民，饥而食，渴而饮，老身长子，以遂其生活之欲，斯已耳。彼之苦痛，生活之苦痛而已；彼之快乐，生活之快乐而已。过此以往，虽有大疑大患，不足以撄其心。人之永保此蚩蚩之状态者，固其人之福祉，而天之所独厚者也。若夫天才，彼之所缺陷者与人同，而独能洞见其缺陷之处。彼与蚩蚩者俱生，而独疑其所以生。一言以蔽之：彼之生活也与人同，而其以生活为一问题也与人异；彼之生于世界也与人同，而其以世界为一问题也与人异。然使此等问题，彼自命之，而自解之，则亦何不幸之有。然彼亦一人耳，志驰乎六合之外，而身局乎七尺之内，因果之法则与空间时间之形式束缚其知力于外，无限之动机与民族之道德压迫其意志于内，而彼之知力意志非犹夫人之知力意志也？彼知人之所不能知，而欲人之所不敢欲，然其被束缚压迫也与人同。夫天才之大小，与其知力意志之大小为比例，故苦痛之大小亦与天才之大小为比例。彼之痛苦既深，必求所以慰藉之道，而人世有限之快乐其不足慰藉彼也明矣。于是彼之慰藉，不得不反而求诸自己。其视自己也，如君王，如帝天；其视他人也，如蝼蚁，如粪土。彼故自然之子也，而常欲为其母，又自然之奴隶也，而常欲为其主。举自然所以束缚彼之知意者，毁之，裂之，焚之，弃之，草薙而兽狝之。彼非能行之也，姑妄言之而已；亦非欲言诸人也，聊以自娱而已。何则？以彼知意之如此而苦痛之如彼，其所以自慰藉之道，固不得不出于此也。

叔本华与尼采，所谓旷世之天才非欤？二人者，知力之伟大相似，意志之强烈相似。以极强烈之意志，而辅以极伟大之知力，其高掌远蹠于精神界，固秦皇、汉武之所北面，而成吉思汗、拿破仑之所望而却走者也。九万里之地球与六千年之文化，举不足以厌其无疆之欲。其在叔本华，则幸而有汗德者为其陈胜、吴广，为其李密、窦建德，以先驱属路。于是于世界现象之方面，则穷汗德之知识论之结论，而曰"世界者，吾之观念也"。于本体之方面，则曰"世界万物，其本体皆与吾人之意志同，而吾人与世界万物，皆同一意志之发见也"。自他方面言之："世界万物之意志，皆吾之意志也"。于是我所有之世界，自现象之方面而扩于本体之方面，而世界之在我自知力之方面而扩于意志之方面。然彼犹以有今日之世界为不足，更进而求最完全之世界，故其说虽以灭绝意志为归，而于其大著第四篇之末，仍反覆灭不终灭、寂不终寂之说。彼之说"博爱"也，非爱世界也，爱其自己之世界而已。其说"灭绝"也，非真欲灭绝也，不满足于今日之世界而已。由彼之说，岂独如释迦所云"天上地下，惟我独尊而已哉"。必谓"天上地下，惟我独存而后快"。当是时，彼之自视，若担荷大地之阿德拉斯（Atlas）也，孕育宇宙之婆罗麦（Biahma）也。彼之形而上学之需要在此，终身之慰藉在此，故古今之主张意志者，殆未有过于叔氏者也，不过于其美学之天才论中，偶露其真面目之说耳。若夫尼采，以奉实证哲学，故不满于形而上学之空想。而其势力炎炎之欲，失之于彼岸者，欲恢复之于此岸；失之于精神者，欲恢复之于物质。于是叔本华之美学，占领其第一期之思想者，至其暮年，不识不知，而为其伦理学之模范。彼效叔本华之天才而说超人，效叔本华之放弃充足理由之原则而放弃道德，高视阔步而恣其意志之游戏。宇宙之内有知意之优于彼，或足以束缚彼之知意者，彼之所不喜也。故彼二人者，其执无神论同也，其唱意志自由论同也。譬之一树，叔本华之说，其根柢之盘错于地下，而尼采之说，则其枝叶之干青云而直上者也。尼采之说，如太华三峰，高与天际，而叔本华之说，则其山麓之花冈石也：其所趋虽殊，而性质则一。彼等所以为此说者，无他，亦聊以自慰而已。

　　要之，叔本华之自慰藉之道，不独存于其美学，而亦存于其形而上学。彼于此学中，发见其意志之无乎不在，而不惜以其七尺之我，殉其宇宙之我，故与古代之道德尚无矛盾之处。而其个人主义之失之于枝叶者，于根柢取偿之。何则？以世界之意志，皆彼之意志故也。若推意志同一之说，而谓世界之知力皆彼之知力，则反以俗人知力上之缺点加诸天才，则非彼之光荣，而宁彼之耻辱也，非彼之慰藉，而宁彼之苦痛也。其于知力上所以持贵族主义，而与其伦理学相矛盾者以此。《列子》曰：

　　　　周之尹氏大治产，其下趣役者侵晨昏而弗息。有老役夫筋力竭矣，而使之弥勤，昼则呻吟而即事，夜则昏惫而熟寐，昔昔梦为国君，居人民之上，总一国之事，游燕宫观，恣意所欲，觉则复役。（《周穆王》篇）

　　叔氏之天才之苦痛，其役夫之昼也；美学上之贵族主义，与形
而上学之意志同一论，其国君之夜也。尼采则不然。彼有叔本华之
天才，而无其形而上学之信仰，昼亦一役夫，夜亦一役夫，醒亦一
役夫，梦亦一役夫，于是不得不弛其负担，而图一切价值之颠覆。
举叔氏梦中所以自慰者，而欲于昼日实现之，此叔本华之说所以尚
不反于普通之道德，而尼采则肆其叛逆而不惮者也。此无他，彼之
自慰藉之道，固不得不出于此也。世人多以尼采暮年之说与叔本华
相反对者，故特举其相似之点及其所以相似而不相似者如此。

叔本华之哲学及其教育学说[①]

自十九世纪以降，教育学蔚然而成一科之学。溯其原始，则由德意志哲学之发达是已。当十八世纪之末叶，汗德始由其严肃论之伦理学而说教育学，然尚未有完全之系统。厥后海尔巴德始由自己之哲学，而组织完全之教育学。同时德国有名之哲学家，往往就教育学有所研究，而各由其哲学系统以创立自己之教育学。裴奈楷然也，海额尔派之左右翼亦然也。此外专门之教育学家，其窃取希哀林及休来哀尔、马黑尔之说以构其学说者亦不少，独无敢由叔本华之哲学以组织教育学者。何则？彼非大学教授也，其生前之于学界之位置，与门弟子之数，决非两海氏之比。其性行之乖僻，使人人视之若蛇蝎，然彼终其身索居于法兰克福特，非有一亲爱之朋友也，殊如其哲学之精神与时代之精神相反对，而与教育学之以增进现代之文明为宗旨者，俨然有持方柄入圆凿之势。然叔氏之学说，果与现代之文明不相并立欤？即令如是，而此外叔氏所贡献于教育学者，竟不足以成一家之说欤？抑真理之战胜必待于后世，而旷世之天才不容于同时，如叔本华自己之所说欤？至十九世纪之末，腓力特·尼采始公一著述曰《教育家之叔本华》。然尼采之学说，为世

①此文作于1904年，收入《静庵文集》。

人所诟病，亦无以异于昔日之叔本华，故其说于普通之学界中，亦非有伟大之势力也。尼氏此书，余未得见，不揣不敏，试由叔氏之哲学说，以推绎其教育上之意见。其条目之详细，或不如海、裴诸氏；至其立脚地之坚固确实，用语之精审明晰，自有哲学以来，殆未有及叔氏者也。呜呼！《充足原理》之出版已九十有一年，《意志及观念之世界》之出版八十有七年，《伦理学之二大问题》之出版，亦六十有五年矣，而教育学上无奉叔氏之说者；海氏以降之逆理说，乃弥满充塞于教育界。譬之歌白尼既出，而犹奉多禄某之天文学，生达维之后，而犹言斯他尔之化学，不亦可哀也欤！夫哲学，教育学之母也。彼等之哲学，既鲜确实之基础，欲求其教育学之确实，又乌可得乎！兹略述叔氏之哲学说与其说之及于教育学之影响，世之言教育学可以观焉。

哲学者，世界最古之学问之一，亦世界进步最迟之学问之一也。自希腊以来至于汗德之生二千余年，哲学上之进步几何？自汗德以降至于今百有余年，哲学上之进步几何？其有绍述汗德之说，而正其误谬，以组织完全之哲学系统者，叔本华一人而已矣。而汗德之说，仅破坏的而非建设的。彼憬然于形而上学之不可能，而欲以知识论易形而上学，故其说仅可谓之哲学之批评，未可谓之真正之哲学也。叔氏始由汗德之知识论出，而建设形而上学，复与美学、伦理学以完全之系统。然则视叔氏为汗德之后继者，宁视汗德为叔氏之前驱者为妥也。兹举叔氏哲学之特质如下：

汗德以前之哲学家，除其最少数外，就知识之本质之问题，皆奉素朴实在论，即视外物为先知识而存在，而知识由经验外物而起者也。故于知识之本质之问题上，奉实在论者，于其渊源之问题上，不得不奉经验论。其有反对此说者，亦未有言之有故，持之成理者也。汗德独谓吾人知物时，必于空间及时间中，而由因果性

（汗德举此等性其数凡十二，叔本华仅取此性）整理之。然空间、时间者，吾人感性之形式，而因果性者，吾人悟性之形式，此数者皆不待经验而存，而构成吾人之经验者也。故经验之世界，乃外物之人于吾人感性、悟性之形式中者，与物之自身异。物之自身，虽可得而思之，终不可得而知之，故吾人所知者，惟现象而已。此与休蒙之说，其差只在程度，而不在性质。即休蒙以因果性等出于经验，而非有普遍性及必然性，汗德以为本于先天，而具此二性，至于对物之自身，则皆不能赞一词。故如以休蒙为怀疑论者乎，则汗德之说，虽欲不谓之怀疑论，不可得也。叔本华于知识论上奉汗德之说，曰："世界者，吾人之观念也。"一切万物，皆由充足理由之原理决定之，而此原理，吾人知力之形式也。物之为吾人所知者，不得不入此形式，故吾人所知之物，决非物之自身，而但现象而已。易言以明之，吾人之观念而已。然则物之自身，吾人终不得而知之乎？叔氏曰："否。"他物则吾不可知，若我之为我，则为物之自身之一部，昭昭然矣。而我之为我，其现于直观中时，则块然空间及时间中之一物，与万物无异。然其现于反观时，则吾人谓之意志而不疑也。而吾人反观时，无知力之形式行乎其间，故反观时之我，我之自身也。然则我之自身，意志也。而意志与身体，吾人实视为一物，故身体者，可谓之意志之客观化，即意志之人于知力之形式中者也。吾人观我时，得由此二方面，而观物时，只由一方面，即惟由知力之形式中观之，故物之自身，遂不得而知。然由观我之例推之，则一切物之自身，皆意志也。叔本华由此以救汗德批评论之失，而再建形而上学。于是汗德矫休蒙之失，而谓经验的世界，有超绝的观念性与经验的实在性者，至叔本华而一转，即一切事物，由叔本华氏观之，实有经验的观念性，而有超绝的实在性者也。故叔本华之知识论，自一方面观之，则为观念论，自他方面观之，则又为实在论。

而彼之实在论，与昔之素朴实在论异，又昭然若揭矣。

古今之言形而上学及心理学者，皆偏重于知力之方面。以为世界及人之本体，知力也。自柏拉图以降，至于近世之拉衣白尼志，皆于形而上学中持此主知论。其间虽有若圣奥额斯汀谓一切物之倾向与吾人之意志同，有若汗德于其《实理批评》中说意志之价值，然尚未得为学界之定论。海尔巴德复由主知论以述系统之心理学，而由观念及各观念之关系以说明一切意识中之状态。至叔本华出而唱主意论，彼既由吾人之自觉，而发见意志为吾人之本质，因之以推论世界万物之本质矣。至是复由经验上证明之，谓吾人苟旷观生物界与吾人精神发达之次序，则意志为精神中之第一原质，而知力为其第二原质，自不难知也。植物上逐日光，下趋土浆，此明明意志之作用，然其知识安在？下等动物之于饮食男女，好乐而恶苦也，与吾人同。此明明意志之作用，然其知识安在？即吾人之坠地也，初不见有知识之迹，然且呱呱而啼饥，瞿瞿而索母，意志之作用，早行乎其间。若就知力上言之，弥月而始能视，于是始见有悟性之作用；三岁而后能言，于是始见有理性之作用。知力之发达，后于意志也如此。就实际言之，则知识者，实生于意志之需要。一切生物，其阶级愈高，其需要愈增，而其所需要之物，亦愈精而愈不易得，而其知力亦不得不应之而愈发达。故知力者，意志之奴隶也。由意志生，而还为意志用者也。植物所需者，空气与水耳。之二者，无乎不在，得自来而自取之，故虽无知识可也。动物之食物，存乎植物及他动物；又各动物各有特别之嗜好，不得不由己力求之，于是悟性之作用生焉。至人类所需，则其分量愈多，其性质愈贵，其数愈杂。悟性之作用，不足应其需，始生理性之作用，于是知力与意志二者始相区别。至天才出，而知力遂不复为意志之奴隶，而为独立之作用。然人之知力之所由发达，由于需要之增，与他动物固无以异也，则主知说之心理学，不足以持其说，不待论也。心理学然，形而上学亦然。而叔氏之他学说，虽不慊于今人，然于形而上学心理学，渐有趋于主意论之势，此则叔氏之大有造于斯二学者也。于是叔氏更由形而上学进而说美学。夫吾人之本质，既为意志矣，而意志之所以为意志，有一大特质焉：曰生活之欲。何则？生活者非他，不过自吾人之知识中所观之意志也。吾人之本质，既为生活之欲矣。故保存生活之事，为人生之惟一大事业。且百年者，寿之大齐。过此以往，吾人所不能暨也。于是向之图个人之生活者，更进而图种姓之生活，一切事业，皆起于此。吾人之意志，志此而已；吾人之知识，知此而已。既志此矣，既知此矣，于是满足与空乏，希望与恐怖，数者如环无端，而不知其所终；目之所观，耳之所闻，手足所触，心之所思，无往而不与吾人之利害相关，终身仆仆，而不知所税驾者，天下皆是也。然则，此利害之念，竟无时或息欤？吾人于此桎梏之世界中，竟不获一时救济欤？曰：有。惟美之为物，不与吾人之利害相关系，而吾人观美时，亦不知有一己之利害。何则？美之对象，非特别之物，而此物之种类之形式，又观之之我，非特别之我，而纯粹无欲之我也。夫空间时间，既为吾人直观之形式；物之现于空间皆并立，现于时间者皆相续，故现于空间时间者，皆特别之物也。既视为特别之物矣，则此物与我利害之关系，欲其不生于心，不可得也。若不视此物为与我有利害之关系，而但观其物，则此物已非特别之物，而代表其物之全种。叔氏谓之曰"实念"。故美之知识，实念之知识也。而美之中，又有优美与壮美之别。今有一物，令人忘利害之关系，而玩之而不厌者，谓之曰优美之感情。若其物直接不利于吾人之意志，而意志为之破裂，惟由知识冥想其理念者，谓之曰壮美之感情。然此二者之感吾人也，因人而不同；其知力弥高，其感之也弥深。独天才者，由其知力之伟大，而全离意志之关系，故其观物也，视他人为深，而其创作之也，与自然为一。故美者，实可谓天才之特殊物也。若夫终身局于利害之桎梏中，而不知美之为何物者，则滔滔皆是。且美之对吾人也，仅一时之救济，而非永远之救济，此其伦理学上之拒绝意志之说，所以不得已也。

吾人于此，可进而窥叔氏之伦理学。从叔氏之形而上学，则人类于万物，同一意志之发现也，其所以视吾人为一个人，而与他人物相区别者，实由知力之蔽。夫吾人之知力，既以空间时间为其形式矣，故凡现于知力中者，不得不复杂。既复杂矣，不得不分彼我。然就实际言之，实同一意志之客观化也。易言以明之，即意志之入于观念中者，而非意志之本质也。意志之本质，一而已矣，故空间时间二者，用婆罗门及佛教之语言之，则曰"摩耶之网"，用中世哲学之语言之，则曰"个物化之原理"也。自此原理，而人之视他人及物也，常若与"我"无毫发之关系。苟可以主张"我"生活之欲者，则虽牺牲他人之生活之欲以达之，而不之恤，斯之谓"过"。其甚者，无此利己之目的，而惟以他人之苦痛为自己之快乐，斯为之"恶"。若一旦超越此个物化之原理，而认人与己皆此同一之意志，知己所弗欲者，人亦弗欲之，各主张其生活之欲，而不相侵害，于是有正义之德。更进而以他人之快乐为己之快乐，他人之苦痛为己之苦痛，于是有博爱之德。于正义之德中，己之生活之欲已加以限制，至博爱，则其限制又加甚焉。故善恶之别，全视拒绝生活之欲之程度以为断：其但主张自己之生活之欲，而拒绝他人之生活之欲者，是为"过"与"恶"；主张自己，亦不拒绝他人者，谓之"正义"；稍拒绝自己之欲，以主张他人者，谓之"博爱"。然世界之根本，以存于生活之欲之故，故以苦痛与罪恶充之。而在主张生活之欲以上者，无往而非罪恶。故最高之善，存于灭绝自己生活之欲，且使一切生物皆灭绝此欲，而同入于涅槃之境。此叔氏伦理学上最高之理想也。此绝对的博爱主义与克己主义，虽若有严肃论之观，然其说之根柢，存于意志之同一之说，由是而以永远之正义，说明为恶之苦与为善之乐。故其说，自他方面言之，亦可谓立于快乐论及利己主义之上者也。

叔氏于其伦理学之他方面，更调和昔之自由意志论及定业论，谓意志自身，绝对的自由也。此自由之意志，苟一旦有所决而发见于人生及其动作也，则必为外物所决定，而毫末不能自由。即吾人有所与之品性，对所与之动机，必有所与之动作随之。若吾人对所与之动机，而欲不为之动乎？抑动矣，而欲自异于所与之动作乎？是犹却走而恶影，击鼓而欲其作金声也，必不可得之数也。盖动机律之决定吾人之动作也，与因果律之决定物理界之现象无异，此普遍之法则也，必然之秩序也。故同一之品性，对同一之动机，必不能不为同一之动作，故吾人之动作，不过品性与动机二者感应之结果而已。更自他方面观之，则同一之品性，对种种之动机，其动作虽殊，仍不能稍变其同一之方向，故德性之不可以言语教也与美术同。苟伦理学而可以养成有德之人物，然则大诗人及大美术家，亦可以美学养成之欤？有人于此，而有贪戾之品性乎？其为匹夫，则御人于国门之外可也。浸假而为君主，则掷千万人之膏血，以征服宇宙可也。浸假而受宗教之感化，则摩顶放踵，弃其生命国土，以求死后之快乐可也。此数者，其动作不同，而其品性则绝不稍异，此岂独他人不能变更之哉！即彼自己，亦有时痛心疾首而无可如何者也。故自由之意志，苟一度自决，而现于人生之品性以上，则其动作之必然，无可讳也。仁之不能化而为暴，暴之不能化而为仁，与鼓之不能作金声，钟之不能作石声无以异。然则吾人之品性遂不能变化乎？叔氏曰："否。"吾人之意志，苟欲此生活而现于品性以上，则其动作有绝对的必然性，然意志之欲此与否，或不欲此而欲彼，则有绝对的自由性者也。吾人苟有此品性，则其种种之动作，必与其品性相应，然此气质非他，吾人之所欲而自决定之者也。然欲之与否，则存于吾人之自由。于是吾人有变化品性之义务，虽变化品性者，古今曾无几人，然品性之所以能变化，即意志自由之征也。然此变化，仅限于超绝的品性，而不及于经验的品性。由此观之，叔氏于伦理学上持经验的定业论与超绝的自由论，与其于知识论上持经验的观念论与超绝的实在论无异，此亦自汗德之伦理学出，而又加以系统的说明者也。由是叔氏之批评善恶也，亦带形式论之性质，即谓品性苟善，则其动作之结果如何，不必问也。若有不善之品性，则其动作之结果，虽或有益无害，然于伦理学上，实非有丝毫之价值者也。

至叔氏哲学全体之特质，亦有可言者。其最重要者，叔氏之出发点在直观（即知觉），而不在概念是也。盖自中世以降之哲学，往往从最普遍之概念立论，不知概念之为物，本由种种之直观抽象而得者。故其内容，不能有直观以外之物，而直观既为概念以后，亦稍变其形，而不能如直观自身之完全明晰。一切谬妄，皆生于此。而概念之愈普遍者，其离直观愈远，其生谬妄愈易。故吾人欲深知一概念，必实现之于直观，而以直观代表之而后可。若直观之知识，乃最确实之知识，而概念者，仅为知识之记忆传达之用，不能由此而得新知识。真正之新知识，必不可不由直观之知识，即经验之知识中得。然古今之哲学家往往由概念立论，汗德且不免此，况他人乎！特如希哀林、海额尔之徒，专以概念为哲学上惟一之材料，而不复求之于直观，故其所说，非不庄严宏丽，然如蜃楼海市，非吾人所可驻足者也。叔氏谓彼等之哲学曰"言语之游戏"，宁为过欤？叔氏之哲学则不然，其形而上学之系统，实本于一生之直观所得者，其言语之明晰与材料之丰富，皆存于此。且彼之美学、伦理学中，亦重直观的知识，而谓于此二学中，概念的知识无效也。故其言曰："哲学者，存于概念而非出于概念，即以其研究之成绩，载之于言语（概念之记号）中，而非由概念出发者也。"叔氏之哲学所以凌轹古今者，其渊源实存于此。彼以天才之眼，观宇宙人生之事实，而于婆罗门，佛教之经典及柏拉图、汗德之哲学中，发见其观察之不谬，而乐于称道。然其所以构成彼之伟大之哲学系统者，非此等经典及哲学，而人人耳中目中之宇宙人生即是也。易言以明之，此等经典哲学，乃彼之宇宙观及人生观之注脚，而其宇宙观及人生观，非由此等经典哲学出者也。

更有可注意者，叔氏一生之生活是也。彼生于富豪之家，虽中更衰落，尚得维持其索居之生活。彼送其一生于哲学之考察，虽一为大学讲师，然未几即罢，又非以著述为生活者也。故其著书之数，于近世哲学家中为最少，然书之价值之贵重，有如彼者乎！彼等日日为讲义，日日作杂志之论文（殊如希哀林、海额尔等），其为哲学上真正之考察之时殆希也。独叔氏送其一生于宇宙人生上之考察，与审美上之瞑想，其妨此考察者，独彼之强烈之意志之苦痛耳。而此意志上之苦痛，又还为哲学上之材料，故彼之学说与行为，虽往往自相矛盾、然其所谓"为哲学而生，而非以哲学为生"者，则诚夫子之自道也。

至是，吾人可知叔氏之在哲学上之位置。其在古代，则有希腊之柏拉图，在近世，则有德意志之汗德；此二人，固叔氏平生所最服膺，而亦以之自命者也。然柏氏之学说中，其所说之真理，往往被以神话之面具。汗德之知识论，固为旷古之绝识，然如上文所述，乃破坏的而非建设的，故仅如陈胜、吴广、帝王之驱除而已。更观叔氏以降之哲学，如翻希奈尔、芬德、赫尔德曼等，无不受叔氏学说之影响，特如尼采，由叔氏之学说出，浸假而趋于叔氏之反对点，然其超人之理想，其所负于叔氏之天才论者亦不少。其影响如彼，其学说如此，则叔氏与海尔巴脱等之学说，孰真孰妄，孰优孰绌，固不俟知者而决也。

　　吾人既略述叔本华之哲学，更进而观其及于教育学说。彼之哲学如上文所述，既以直观为惟一之根据矣，故其教育学之议论，亦皆以直观为本。今将其重要之学说，述之如左：

　　叔氏谓直观者，乃一切真理之根本，惟直接间接与此相联络者，斯得为真理。而去直观愈近者，其理愈真，若有概念杂乎其间，则欲其不罹于虚妄难矣。如吾人持此论以观数学，则欧几里得之方法，二千年间所风行者，欲不谓之乖谬，不可得也。夫一切名学上之证明，吾人往往反而求其源于直观。若数学，固不外空间时间之直观。而此直观，非后天的直观，而先天的直观也。易言以明之，非经验的直观，而纯粹的直观也。即数学之根据，存于直观，而不俟证明，又不能证明者也。今若于数学中，舍其固有之直观，而代以名学上之证明，与人自断其足而俟辇而行者何异？于彼《充足之理由之原理》之论文中，述"知识之根据"（谓名学上之根据）与"实在之根据"（谓数学上之根据）之差异，数学之根据惟存于实在之根据，而知识之根据，则与之全不相涉。何则？知识之根据，但能说物之如此如彼，而不能说何以如此如彼，而欧几里得则全用从此根据以说数学。今以例证之。当其说三角形也，固宜首说各角与各边之互相关系。且其互相关系也，正如理由与结论之关系，而合于充足理由之原理之形式。而此形式之在空间中，与在他方面无异，常有必然之性质，即一物所以如此，实由他物之异于此物者如此故也。欧氏则不用此方法以说明三角形之性质，仅与一切命题以名学上之根据，而由矛盾之原理，以委曲证明之。故吾人不能得空间之关系之完全之知识，而仅得其结论，如观鱼龙之戏，但示吾人以器械之种种作用，而其内部之联络及构造，则终未之示也。吾人由矛盾之原理，不得不认欧氏之所证明者为真实，然其何以真实，则吾人不能知之。故虽读欧氏之全书，不能真知空间之法则，而但记法则之某结论耳。此种非科学的知识，与医生之但知某病与其治疗之法，而不知二者之关系无异。然于某学问中舍其固有之证明，而求之于他，其结果自不得不如是也。

叔氏又进而求其用此方法之原因。盖自希腊之哀利梯克派首立所观及所思之差别及其冲突，美额利克派、诡辩派、新阿克特美派及怀疑派等继之。夫吾人之知识中，其受外界之感动者，五官；而变五官所受之材料为直观者，悟性也。吾人由理性之作用，而知五官及悟性，固有时而欺吾人，如夜中视朽索而以为蛇，水中置一棒而折为二，所谓幻影者是也。彼等但注意于此，以经验的直观为不足恃，而以为真理惟存于理性之思索，即名学上之思索。此惟理论，与前之经验论相反对。欧几里得于是由此论之立脚地，以组织其数学。彼不得已而于直观上发见其公理，但一切定理皆由此推演之，而不复求之于直观。然彼之方法之所以风行后世者，由纯粹的直观与经验的直观之区别未明于世。故迨汗德之说出，欧洲国民之思想与行动，皆为之一变，则数学之不能不变，亦自然之势也。盖从汗德之说，则空间与时间之直观，全与一切经验的直观异。此能离感觉而独立，又限制感觉而不为感觉所限制者也。易言以明之，即先天的直观也，故不陷于五官之幻影。吾人由此始知，欧氏之数学用名学之方法，全无谓之小心也。是犹夜行之人，视大道为水，越趄于其旁之草棘中，而惧其失足也。始知几何学之图中，吾人所视为必然者，非存于纸上之图，又非存于抽象的概念，而惟存于吾人先天所知之一切知识之形式也。此乃充足理由之原理所辖者，而此实在之根据之原理，其明晰与确实，与知识之根据之原理无异，故吾人不必离数学固有之范围，而独信任名学之方法。如吾人立于数学固有之范围内，不但能得数学上当然之知识，并能得其所以然之知识，其贤于名学上之方法远矣。欧氏之方法，则全分当然之知识与所以然之知识为二，但使吾人知其前者，而不知其后者，此其蔽也。吾人于物理学中，必当然之知识与所以然之知识为一，而后得完全之知识。故但知托利珊利管中之水银，其高三十英寸，而不知由空气之重量支持之，尚不足为合理的知识也。然则吾人于数学中，独能以但知其当然，而不知其所以然为满足乎？如毕达哥拉斯之命题，但示吾人以直角三角形之有如是之性质，而欧氏之证明法，使吾人不能求其所以然。然一简易之图，使吾人一望而知其必然及其所以然。且其性质所以如此者，明明存于其一角为直角之故。岂独此命题为然，一切几何学上之真理，皆能由直观中证之。何则？此等真理，原由直观中发见之者，而名学上之证明，不过以后之附加物耳。叔氏几何学上之见地如此，厥后哥萨克氏由叔氏之说以教授几何学，然其书亦见弃于世，而世之授几何学者，仍用欧氏之方法，积重之难返，固若是哉！

　　叔氏于数学上重直观而不重理性也如此，然叔氏于教育之全体，无所往而不重直观，故其教育上之意见，重经验而不重书籍。彼谓概念者，其材料自直观出，故吾人思索之世界，全立于直观之世界上者也。从概念之广狭，而其离直观也有远近，然一切概念，无一不有直观为之根柢。此等直观与一切思索，以其内容，若吾人之思索，而无直观为之内容乎，则直空言耳，非概念也。故吾人之知力，如一银行然，必备若干之金币以应钞票之取求，而直观如金钱，概念如钞票也。故直观可名为第一观念，而概念可名为第二观念，而书籍之为物，但供给第二种之观念。苟不直观一物，而但知其概念，不过得大概之知识，若欲深知一物及其关系，必直观之而后可，决非言语之所能为力也。以言语解言语，以概念比较概念，极其能事，不过达一结论而已。但结论之所得者，非新知识，不过以吾人之知识中所固有者，应用之于特别之物耳。若观各物与其间之新关系，而贮之于概念中，则能得种种之新知识。故以概念比较概念，则人人之所能，至能以概念比较直观者，则希矣。真正之知识，惟存于直观，即思索（比较概念之作用）时，亦不得不借想象之助，故抽象之思索，而无直观为之根柢者，如空中楼阁，终非实在之物也。即文字与语言，其究竟之宗旨，在使读者反于作者所得之具体的知识，苟无此宗旨，则其著述不足贵也。故观察实物与诵读，其间之差别不可以道里计。一切真理惟存于具体的物中，与黄金之惟存于矿石中无异。其难只在搜寻之。书籍则不然，吾人即于此得真理，亦不过其小影耳，况又不能得哉！故书籍之不能代经验，犹博学之不能代天才，其根本存于抽象的知识，不能取具体的知识而代之也。书籍上之知识，抽象的知识也，死也；经验的知识，具体的知识也，则常有生气。人苟乏经验之知识，则虽富书籍上之知识，犹一银行而出十倍其金钱之钞票，亦终必倒闭而已矣。且人苟过用其诵读之能力，则直观之能力必因之而衰弱，而自然之光明反为书籍之光所掩蔽，且注入他人之思想，必压倒自己之思想，久之，他人之思想遂寄生于自己之精神中，而不能自思一物，故不断之诵读，其有害于精神也必矣。况精神之为物非奴隶，必其所欲为者乃能有成，若强以所不欲学之事，或已疲而犹用之，则损人之脑髓，与在月光中读书其有损于人之眼无异也。而此病殊以少时为甚，故学者之通病，往往在自七岁至十二岁间习希腊、拉丁之文法，彼等蠢愚之根本实存于此，吾人之所深信而不疑也。夫吾人之所食，非尽变为吾人之血肉，其变为血肉者，必其所能消化者也。苟所食而过于其所能消化之分量，则岂徒无益，而反以害之，吾人之读书，岂有以异于此乎？额拉吉来图曰："博学非知识。"此之谓也。故学问之为物，如重甲胄然，勇者得之，固益有不可御之势，而施之于弱者，则亦倒于地而已矣。叔氏于知育上之重直观也如此，与卢骚、贝斯德禄奇之说如何相近，自不难知也。

　　而美术之知识全为直观之知识，而无概念杂乎其间，故叔氏之视美术也，尤重于科学。盖科学之源，虽存于直观，而既成一科学以后，则必有整然之系统，必就天下之物分其不相类者，而合其相类者，以排列之于一概念之下，而此概念复与相类之他概念排列于更广之他概念之下。故科学上之所表者，概念而已矣。美术上之所表者，则非概念，又非个象，而以个象代表其物之一种之全体，即上所谓实念者是也，故在在得直观之。如建筑、雕刻、图书、音乐等，皆呈于吾人之耳目者，惟诗歌（并戏剧小说言之）一道，虽借概念之助以唤起吾人之直观，然其价值全存于其能直观与否。诗之所以多用比兴者，其源全由于此也。由是，叔氏于教育上甚蔑视历史，谓历史之对象，非概念，非实念，而但个象也。诗歌之所写者，人生之实念，故吾人于诗歌中，可得人生完全之知识。故诗歌之所写者，人及其动作而已，而历史之所述，非此人即彼人，非此动作即彼动作，其数虽巧历不能计也。然此等事实，不过同一生活之欲之发现，故吾人欲知人生之为何物，则读诗歌贤于历史远矣。然叔氏虽轻视历史，亦视历史有一种之价值。盖国民之有历史，犹个人之有理性，个人有理性，而能有过去未来之知识，故与动物之但知现在者异。国民有历史，而有自己之过去之知识，故与蛮民之但知及身之事实者异。故历史者，可视为人类之合理的意识，而其于人类也，如理性之于个人，而人类由之以成一全体者也。历史之价值，惟存于此，此叔氏就历史上之意见也。

　　叔氏之重直观的知识，不独于知育、美育上然也，于德育上亦然。彼谓道德之理论，对吾人之动作无丝毫之效。何则？以其不能为吾人之动作之机括故也。苟道德之理论，而得为吾人动作之机括乎，必动其利己之心而后可，然动作之由利己之心发者，于道德上无丝毫之价值者也。故真正之德性，不能由道德之理论，即抽象之知识出，而惟出于人己一体之直观的知识。故德性之为物，不能以言语传者也。基开禄所谓"德性，非可教者"，此之谓也。何则？抽象的教训，对吾人之德性，即品性之善，无甚势力。苟吾人之品性而善欤，则虚伪之教训，不能沮害之，真实之教训，亦不能助之也。教训之势力，只及于表面之动作，风俗与模范亦然。但品性自身，不能由此道变更之。一切抽象的知识，但与吾人以动机，而动机但能变吾人意志之方向，而不能变意志之本质。易言以明之，彼但变其所用之手段，而不变所志之目的。今以例证之。苟人欲于未来受十倍之报酬，而施大惠与贫民，与望将来之大利，而购不售之股票者，自道德上之价值考之，二者固无以异也。故彼之为正教之故，而处异端以火刑者，与杀越人于货者何所择？盖一求天国之乐，一求现在之乐，其根柢皆归于利己主义故也。所谓德性不可教者，此之谓也。故真正之善，必不自抽象的知识出，而但出于直观的知识。惟超越个物化之原理，而视己与人皆同一之意志之发现，而不容厚此而薄彼，此知识不得由思索而失之，亦不能由思索得之。且此知识，以非抽象的知识，故不能得于他人，而惟由自己之直观得之，故其完全之发现，不由言语，而惟由动作。正义、博爱、解脱之诸德，皆由此起也。

　　然则美术、德性均不可教，则教育之事废欤？曰："否。"教育者，非徒以书籍教之之谓，即非徒与以抽象的知识之谓，苟时时与以直观之机会，使之于美术、人生上得完全之知识，此亦属于教育之范围者也。自然科学之教授、观察与实验，往往与科学之理论相并而行，人未有但以科学之理论为教授，而以观察、实验为非教授者，何独于美育及德育而疑之？然则叔氏之所谓德性不可教者，非真不可教也，但不可以抽象的知识导之使为善耳。现今柏林大学之教授巴尔善氏于其所著《伦理学系统》中首驳叔氏德性不可教之说，然其所说，全从利己主义上计算者，此正叔氏之所谓谨慎，而于道德上无丝毫之价值者也。其所以为此说，岂不以如叔氏之说，则伦理学为无效，而教育之事将全废哉？不知由教育之广义言之，则导人于直观，而使之得道德之真知识，固亦教育上之事。然则此说之对教育有危险与否，固不待知者而决也。由此观之，则叔氏之教育主义全与其哲学上之方法同，无往而非直观主义也。

哥罗宰氏之游戏论（节录）[①]

第一章 自心理学上解释游戏

（一）游戏者何

希尔列尔[②]所著《人类美的教育之书牍集》（著于一千七百九十五年），袭汗德之先例，而以游戏之动向为美之所由产出者。其第十五篇有曰："人惟以美为游戏者也。何则？以某义言，人类即一游戏，真面目之人类，惟能于游戏中见之耳。"……予所谓游戏之义则浅近而单纯矣。游戏者何？谓现存生物，以某状态，而发表其不可抑遏之动向之一切活动也。又谓活动之专向于快乐之方面者也。……

吾人亦欲从斯宾塞之说，以审美的感情为来自游戏之动向者。……斯宾塞《心理学原理》第二卷……曰："吾人所谓为游戏之活动实与审美的活动有共同点。何则？两者于人生之实际进行上俱无裨益也。"

---

① 注：本篇刊于1905年7月至1906年1月《教育世界》104—106、110、115、116号。此处仅节录其首章。

② 希尔列尔：现在通译为席勒，十八世纪德国哲学家。

（二）游戏之起源

（希尔列尔）谓对吾人之性质及需要，可以一瞬而直达者，为吾人所不悦；而迂远者，反渴望之。是故剩余之势力无益于生命之保存者也。由此剩余之势力而生游戏之动向，由此游戏之动向而生美，而吾人乃以之为乐。其《书牍集》之第二十七篇有曰：自然既为无理性者，与以生活上之必要品矣，又为幽暗之动物的生活，而与以自由之光明矣。今使狮虎之类已不为饥所迫，而无争夺之必要，则所余之强力一时无用，将于何所泄之乎？故使彼等或咆哮于山谷，或奔走于平原，以泄其余力而自乐。此即自然之妙用也。昆虫之回翔于日中也，飞鸟之歌啭于林间也，此其活动之动机，亦有出自欲望之缺乏者，然大都为充溢之生活所刺激而为是嬉戏耳。……

斯宾塞曰："游戏者，于吾人势力未有自然的表现之际，而代以人为的表现者也。人之势力有时不耗之于现实的行动，而用之于假现的行动，是之谓游戏。"

多蒙德《苦乐论》……曰："游戏与业务之关系，如奢侈与资本然。奢侈者，因财产过多，而用之于无生产之途。游戏者亦因势力有余而用之于无益之途者也。"

显弗烈于所著《社会之生活及体制》论共同生活之历史的发达，与游戏之历史的发达，又美术与娱乐，为并行而立者。……以为高等生活之形式的进步，不外出自一因，即势力之积蓄过多与收得之过多是也。而游戏及美术之所由以起，有一必要之条件，即吾人为求快乐，而消耗一定之势力是。……

德密尼希斯（曰）："欲说明游戏者，亦不能外乎进化之法则。游戏者，不惟人类有之，动物亦有之。又动物之益高等者，游戏亦最多。故游戏者由所余势力之量，而异其多少者也。"

（三）游戏与贮蓄资本

若夫有生者既得一定之势力矣，而其使用势力也，不用以满足其要求，又不为个体与（种）属，而用以保存其内外之关系之均衡，此外更无他法以泄之，则惟有用之于适意者及快乐者耳。是故游戏者，为欲表现快乐而消耗其所积蓄之势力者也。要之，游戏即潜势力之变形者，即由潜势力变为活势力，而以种种状态表出之者也。凡以快乐为目的而表之为游戏者，必与前所积蓄之势力之量，其值相等。今假嘉玛克斯之言以明之，则可曰："游戏者，所剩势力之表出者云尔。"……

（四）游戏及心之活动

……

游戏之由来，盖于势力剩余之外，又不可无稍近高尚之心的活动。若忽视此二方面，则立说或近夸诞，将有如希尔列尔所言者矣。希尔列尔推衍自己之原理，至谓植物界亦有游戏。其《书牍集》之第二十七篇，有曰："以实质的意义言，则虽无精神之生物，亦有殆可谓为游戏者。树之发幼芽也无数，而中途大半枯瘁。如此者，与谓为保存个体与种属之用，宁为营养多量故，而用以发育其根蒂枝叶耳。夫不以剩余之势力补营养之缺乏，而移作他用，则虽谓树木亦好为愉快之运动，何不可之有？"希氏之言如此。彼殆未知游戏之要素又有待于心的活动，故不免措词过当尔。

游戏之成立必以一定程度之知能、意识、感情、运动，为必不可少之要素。此事固易说明之。试观人类以下之生物则可以恍然矣。动物之阶级愈下，其心的活动愈少，则其游戏的现象亦愈少，此吾人所可得而证明者也。

……

（罗摩奈斯《动物睿知论》中引马克可克语：）

予以某晨，洁治书斋，敞窗扉以通空气，因移蚁垤于邻室之炉旁。蚁以受暖故，忽若元气活泼，四出行动，盆中所养丛草，几为所覆。其既攀登草稳也，如术人之弄绳技然，时时以后足倒垂，或以前足作盥洗状，或骈体以弄他蚁云。

罗氏之书又有专记蚁之游戏者，……曰：

蚁之生活不独勤于执业，又时有闲暇者也。褒希奈尔于所著《动物之精神的生活》，尝引休培尔之言为据。休氏曰："予尝见野蚁群聚于巢之表，为种种游戏：有立前足于后足之上，斜向而滑倒者，有以触须或胫及颚，相抱为戏者。其为此也，殆举行祝典而相谋行乐欤？"……

（五）高等动物之游戏

……

鸟之鸣也，匪但欲以娱人，实亦欲自娱耳。达尔文曰："鸟于爱情发生之时，巧啭不已者，是欲自炫以求牝也。至平时之善鸣，则全为修饰故，由好斗之癖而来。"又曰："鸟非求牝而仍善鸣者，此为求一己之悦乐耳，未足为异也。"

鸟能模他鸟或他动物之声，而自感其乐，且尝与雏鸟共为之。洛曼谓彼尝闻伯劳，巧拟燕、雀、金翅雀等之鸣声，且纵于固有之鸣声中，间以他种肖声，亦复悠扬可听。葛尔琪伯爵亦言，彼尝饲一小鹩，能拟莺、燕、金翅雀、白头翁等之鸣声，又能拟犬吠声云。此种模拟之力，尤以一种模声鸟为最。此鸟常拟猫声、马嘶声、雄鸡牝鸡声、啄木鸟声、鹇声，且十分逼肖，闻者殆不能别其真伪。由前诸例，而鸟有模拟之才，能以模拟为游戏，无可疑已。

鹦鹉椋鸟之属，性至驯静，然于困苦无聊之际，亦尝游戏于地上。洛曼言：彼饲一椋鸟，常与他鸟共翱翔于广室中。一日，忽寸裂其友鸟之巢，而掷其卵，蹴其雏，以为自娱云。萨维者，博物学大家也，尝饲一雪鸦。此鸦好居雪中，又得火则大乐，但见火器，则跃跃其旁，索碎纸布屑之类投其中，而痴立以视其烟焰。又有一种鸦，其嘴作角状，普烈姆曾饲之，谓此鸟常追逐红鹤属之鸟，或以奇怪之法疾走庭中，为种种恶戏，又以头作种种异状。达尔文亦引奥德明之言，谓其家饲一夜鸦，屡与猫为戏。初匿其身，不使猫见，继则蓦然飞出，大声而鸣，使猫惊避。此外又有一种鸢鸟，产于西南非洲，烈维哀兰名之曰"非洲鸢"，以此鸟之飞鸣于空中，不为求营养，而为求愉快，与鸢类相同也。烈维哀兰又言：尝有一鸢，翩然飞下，合其双翼，使见者疑为翼受害而坠地者，旋振羽飞去，盖亦故为游戏也。

（六）人类游戏之心的要素

……

人之初生，其游戏之动向尚未发现。凡儿童之至能游戏也，其生理上心理上必既发达至某程度。游戏之可能性实与身心之发达并行而进者也。故若心理之发达上或有障碍，则终不知游戏为何物。无原因则无结果，理势之固然也。……野蛮人虽耽于游戏，然与其身体上、精神上、经济上、社会上，无一不相关系也。又，文明人亦然。凡人所蓄之剩余势力若益强大，则其于游戏也，范围益广，程度亦〔益〕著。何则？游戏即势力之表出者，尝与所蓄剩余势力之量相等也。

（七）游戏与势力剩余

由前以观，可见游戏之为事，遍存于动物界人类界，又足见无剩余之势力则游戏不能成立之理矣。是故游戏者毕竟表示其生存竞争以外之剩余势力也。……

蚁之司劳动者不与于游戏之列，无他，以彼等如奴隶然，或营垒，或采饵，或传命，不能不时时劳动，且又有保育子孙之重任，则其无暇游戏也固宜。

疲劳以往，不能游戏。……

儿童以身体不健，因而辍其游戏。……然则儿童之执业过劳者与逸居无忧者，其游戏之动向必有差异，昭昭然矣。世传穆勒早慧，三岁而学希腊语，八岁而能读海罗笃斯与芝诺芬之书，故其幼年不知游戏为何物。达明作《穆勒传》，有曰："穆幼年不好游戏，故不与群儿往来，所与交游者惟哀斯本丹与利嘉窦。是二人者，一年六十五，一年四十矣！"……

大抵境遇贫穷者，势力微弱者，未受教育者，其人必不甚好游戏，甚则有终身不游戏者。

……

（八）幼时皆好游戏

凡幼小者，未有不好游戏者，动物与人类皆然。达尔文于其所著《人类起原》之第二章，以人与动物，比较其精神力，曰："观于小犬、小猫、小羊等之相戏为乐，如小儿然。此时快乐之感情盖最昭著者也。"……

廖伯亚尔第著《田园杂兴》诗，描写村童嬉戏之状，不遗余力，其结句之意若曰：

　　　　嗟汝垂髫子，人世此佳期。

　　　　晴空比皓洁，春花拟娇姿。

　　　　忧患在前途，行乐须及时。

　　　　安得驻童颜，长为田间儿。

（九）游戏之分类

以游戏之分类言，则昔人既由种种方面而观察研究之。弗烈培分游戏为三种：第一，模拟现实之生活。第二，以所得于学校者应用之。第三，就一切事物之关系而创造之表显之是也。后者卓越乎前二者之上。盖儿童于此，必从游戏之对象及其实质所含法则，不然，则必从思考及感情之法则也。

弗烈培又自他方面分游戏为三类：第一，为身体的游戏，谓由势力及机巧之演习而成立者，或仅以表示其生活上之欢悦者是也。第二，为感觉的游戏，如由迷藏以完其听觉，由抛球以完其视觉是也。第三，为精神的游戏，则如猜谜斗牌之类，但此种娱乐与实际目的及儿童所要求者，不相宜也。

希戈尔斯格分游戏为三种：第一种，范围最广，与抽象的思考之发达上，有相互的关系。盖能对判断力或推理力隐与以补助之益者也。第二，与所谓我之意识之成立发达，颇有关系。第三，则演习其再生之印象及表象者是也。

……

汗德亦尝论及游戏，彼于所著《审美理性批判》（按，《判断力批判》）中论美术曰："人以是为游戏，而自视为快乐之作业。"此外就自由而多方之感情的游戏，亦尝论之，而分之为三种：一、关于胜负者。二、关于音乐者。三、关于思考者。汗德本未就游戏之全体特别研究，故其分类自未完全。然今援举之，亦非无价值之说也。

吾人分类之基础：……自科学上言之，宁以游戏者之活动为分类之立脚地。何则？儿童之活动，益发达而多方，则游戏之范围益扩张而进化。必由主观的分类，而后能包括无遗也。

吾人于此，欲从鲍尔罕所以定性格之典型之主义，而谓游戏之分类必就身体的要素与心理的要素，联结而研究之，此等要素以各种形态而存。故欲以游戏之一系列与他系列区别，不可不据彼此之势力与心理的要素以为断。游戏之种种形态，毕竟是势力之特殊者，与种种要素（观念、感情等）、种种活动（筋肉力、记忆、注意、悟性、欲望、意志等）之价量也。申言之，即由此等之共同作用，而现为种种形态者也。所以构成人格之多量要素，有种种之结合，故其各团簇中，常有一观念活动或倾向，是即要素之最优势者也，其他要素之母也。如此而对各种游戏之成立，以探讨其要因，则所为分类者，庶几适合事实乎！

……

（十）游戏与模拟

……

不问动物界人类界，凡模拟者普通的现象也，又元始的现象也。此精神的能力究由知觉而出，其精神的能力益增，则模拟之事益减。故模拟与创意及高等之精神的能力，其关系相反。……幼儿最早即能模拟。生后一月，则模拟的运动显增。而儿童之于模拟，亦若深感愉快。此事于蛮人亦然。由此观之，则模拟之能力为精神发达上第一级之目标，殆无可疑者矣。

……

（十一）游戏与遗传

……

为游戏之原因者不止模拟一端也，遗传的倾向与有机的性质，是亦游戏之第二原因，以种种形态而现出者。如达尔文所谓生存竞争，海额尔所谓迫于生存之必然的制约之争斗，亦有时表现于游戏之上。盖其时以他种关系故，无由实现其竞争之本性，而藉游戏以泄之也。耦约氏述斯宾塞之美的感情说，而谓游戏之所以愉快者，由于自胜而人负故。好胜之心与胜之自身，皆为生物之生存上条件，而其间适乏于求胜之地，遂不得不以游戏代之。博弈之类亦出自好胜之遗传的倾向耳。吾人惟有竞争之必要，此俱乐部之目的完善者，所以不废胜负的游戏也。亦惟竞争为游戏之根本的基础，此所以动物之间亦有以齿爪戏相搏者，又半开化民之游戏无不关涉竞争者也。

……

（十二）想象与游戏

吾人之精神生活，非但始终反复者也，及渐进步，则又有一能力现焉。此能力何？即现实事物之心象，或变更其复现者之力是也。其形变化无方，往往创出新奇之界。吾人名此心理的活动曰"创造的想象"。以想象力之发达言，则必经种种阶段而后得种种产物。其初不过就所既知者，或扩而大之，或缩而小之耳。然及其后，则以多方的手段，使聚集之经验材料，一变而为复合的活动，遂由是以创新奇之境矣。

儿童种种游戏之成立，与想象之种种阶段相关。儿童之得玩具也，以种种状态排列之。此时而察其注意之如何，则观察儿童者所必要也。同一物也，而儿童顾而乐之，数日不厌者，以彼之想象力能贻其物以新奇之境界耳。

想象而得之乐，常活泼而新奇。盖儿童觅得活动之机会，即耽想象也。奈凯尔女史精究儿童之生活，而谓想象之活动益增，其乐益进。良然。儿童对实际所见者，辄好表示其相异之点，而以我心所创造者为可乐。故惟自创之游戏彼最喜为之。有时亦热心拟造实物，而不久即措置不顾者，盖其初动于惊叹之一念，欲保持之，而其后转以求拟造之精密，阻止其想象，故不与儿童以娱乐也。……

（十三）游戏之戏曲的活动

……福休尔女史曰："小儿之生活莫不有戏曲的性质。彼俨然于舞台之设备，俳优之配合，戏曲之组织，不惮时力而发明之，而变化之，彼实真正之戏曲家也。凡诗人之所歌，神话之所述，举人生一切迷信，实早存乎儿童性质之内矣。"……

儿童之年龄稍长，且常有戏曲之活动者，常拟玩具以生物，衣之食之，与彼相谈而抚爱之。然儿童之为此，非必有实际之观念也，非不知泥偶之为泥偶也，故逞其想象而已。纵令彼所遭事物宛肖生物，而彼亦不信其为生物也。设有泥偶真能咬人，则儿童之惊骇必不异于吾辈成人矣。要之，彼惟为势力之闲佚无用，而托于戏曲的活动以表之，故不择其为人类、为动物，悉取之为脚色。若其时适无生物，则遂以无生物代之耳。其所演事实本出自假托者尤然。且不独限于儿童也，推诸动物亦然。犬之见棒也，攫之，啮之，是故为狩猎之戏也，非疑其为生物也。若疑其为生物，则早既狂吠不已矣。斯（宾塞）氏社会学之所言如此，予亦以为然耳。

（十四）游戏之喜剧的性质

……

史玛琪采培恩之说，而谓人类之生活上、性质上及人事关系上，大抵严肃之与滑稽，二者对立。活泼者安佚、自由、适于无强迫无忧虑之状态。而于操作业务时，抵抗妨害时，或为自然生活及社会所强制之时，则严肃之态度见焉。故其由严肃的方面而移于活泼的方面，未有不引为快意者也。由此言之，即谓吾辈成人中，无不常有滑稽的或近于滑稽的者表现于外，亦无不可。何则？滑稽为快乐之泉源，又由是而忘却实际之生活者也。然则儿童之于此种感情，其为自发的，为普通［遍］的，又何待多言哉！盖儿童之于生活，自然的也，无意识的也。

儿童之以口目手足演为滑稽的举动也，不惟好自笑，又好得他人之笑。鲍尔鲁瑟洛亦言：儿童于游戏时，自整理其衣裳，为种种运动姿势，盖欲以博旁观之悦乐也。惟儿童皆有滑稽谈笑之感情，故见旁观者之滑稽，或自为滑稽，均甚好之。或曰：儿童中亦往往有为悲哀的举止者矣，然是不过其最初之假象，大都由滑稽的感情与悲哀的形式相结合而存在故也。

儿童之为滑稽的及悲哀的举动也，惟于为人所见之时，故此种现象之（所）由生，实以社会为要素。是不但感其为共同的，而滑稽之愉快因之增进也，又以滑稽实构成娱乐者，而孤独的娱乐非自然的，且不易发现也。鲁瑟洛于此外，更加入一原因，谓彼等能自认识其滑稽时及知觉滑稽时之知识云。

（十五）游戏时之感情

游戏之成立，以感情为至要。培烈谓游戏之原因、目的，其初无不立乎快乐之中。此说洵然。……培烈曰："儿童之游戏常由强势而多方之感情要素，以隐隐启导之。此感情之要素较之生理的要素，尤有势力。"……予所主张者，则谓感情之分化对游戏之分化，有直感接的原因的之关系。凡多数多方之游戏，实由审美的感情及社会的情而生者也。社会的要因［素］之于游戏，其势力颇大，虽谓为本质的必然的之要素，亦无不可。法国百科全书中，述"游戏"之义曰："游戏为契约之一种，由二人或多人之同意，而决其胜败。其决胜败也，有得以［自］巧妙者，有出自偶然者，又有介于此二者之间者。"即此观之，无社会的要因［素］，游戏果何由成立乎？……

（十六）游戏与审美的感情

审美的感情非与儿童或高等动物全无相关者。此感情发达至一定之强度，则自求满足。故美术的表出之最初，大都为游戏之状态。

澳洲有一种鸟，筑巢如叶状，而自徘徊于其下，形状令人轩渠。又据葛尔德所记，则此鸟之对色彩及形态，能有美的感情。彼之巢殆可谓彼之园亭，常以各种彩色之物装饰之。

蛮人对装饰之快乐亦颇强烈。斯宾塞之论知育、德育、体育也，曰："以装饰品，较必要品，则反占上等地位，故蛮人之对装饰，亦有活泼之同情者也。"法尔兹亦曰："人无论如何穷困，犹好装饰己身，以求快乐。故欧洲古代民族曾有于所居洞窟中，陈列珍丽之品，而自以为适意者。"

儿童对彩色而感愉快，即彼等初知游戏之时矣。何则？是即其感情生活之发端也。彼既有审美的感情，以为快乐之泉源，故知有游戏也。然今之所指者，非谓彼等赏玩花鸟之美，而感为快乐也，就游戏时言之耳。培烈自言：其幼时好以花为游戏，尝与诸女伴折花瓣，投诸空中而祝之曰："花其上天乎！天使求汝矣！"及见花之缤纷下坠，铺于肩际，则欣欣大喜。是即寓审美的感情于游戏之中者也。对事物形态之审美的感情，与对装饰之愉快的感情，皆导儿童以游戏。故儿童之于游戏也，或自拟贵人，或假装新妇，又往往好为兵士，佩刀剑之类，以纸为冠。盖彼等对装饰上别有一种愉快之情故也。普来耶儿谓至幼之儿亦知注意于装饰。有年仅一岁半者，能以碎饰垂于肩，而徘徊眺望云。

（十七）游戏与音乐的感情

单纯之音乐上感情既起，则游戏亦因之而现。但此种游戏不过以满足其感情，非真正之音乐的表示也。必复音之稍有律动及正调者，始可谓为音乐的表示耳。动物界亦有此活动，且颇发达。征之歌禽，可以了然。至高等哺乳动物，闻反复之单音，亦自生单纯之快乐。非洲所产猩猩，常群集森林中，奏一种芜杂之音乐，手携树枝，击断株，其声橐橐然。又有某种猿，每至盛暑，苦闷不已，则朝夕啸于林间，雄者居先，雌者和之，一如人间之音乐会然。冷格尔谓猿啸之特因何在，虽不可明，然大抵由音乐而得快乐，且有互竞优劣之心也。东印度之长臂猿亦好自歌鸣为乐，曾于伦敦见之，其例今不备举。

　　动物且如此，然则儿童之由音调而感快乐，无足异矣。儿童产后，甫一星期者，其母或歌于摇篮之旁，亦欣然而笑。至能以手保持其所自好者，则每以其物击发音之物。予有侄年仅一岁者即然。方啼哭时，有人以锤击壁间所悬铜瓶之类，则啼声忽止，且笑而顾予矣。又如贫家之儿多以石为玩具者，盖以石相击成声，则亦闻之而乐也。

　　人类发达之初期，所用乐器与儿童所用乐器，大都一致，是亦一可异之事也。最古之乐器不外以物击物。据武德、狄克森、福烈斯德、穆希斯等之报告，则珊德威治、敦果达、普累噶尼阿、瑟奈额尔，新希伯来等岛中，今犹有大鼓存焉。又乐器中有为儿童与蛮人所同好者，则拍板是。拍板者，以象牙或坚木作贝形，二板相合，缀纽其一端，而挂之大指，以中指拨而鸣之者也。

　　儿童稍长，至能拟种种音调，则排列多数乐器，以得意之色，高唱俗调。其有大鼓、喇叭与其他音乐的游具者，殆可谓儿童之幸福。无此者，则有取木片之类代之者矣。

　　予尝见儿童围坐阶前，为音乐之戏。其中一儿，年较长，似对音乐有特别之倾向者，则指挥一切。余人则以口及手，作种种吟弄状，恰如真奏乐器然。有仿操琴状而口唱谱调者，有十指频动拟为弄箫笛之状者，有拟为翼琴三弦之音调者，无不姿势得宜，动作巧妙。其最幼者，则拟为击鼗鼓、弄铙钹之状，以是等运动与声音，最简易故也。（下略）

霍恩氏之美育说①

　　霍恩于所著《教育之哲学》中论之曰："罗惹克兰支及斯宾塞等之研究教育理论也，于美育一事，弃而不顾，此不得不谓为缺憾。今于教育之新哲学中，其思所以弥之者矣。"由是观之，霍氏之于教育原理中，明明以美育为重，可知也。然氏于此书，却未详说美育之事，读者引为遗憾。或谓霍氏此书，别无独得之见，惟其取前说而排比之，能秩序整然，故足多尔。

　　厥后霍氏复著一书题曰：《教育之心理学的原理》。其第三篇为"情育论"，中有"审美教育"一章。此章之说极新，霍氏殆自以为独得之见乎？今先述其说之内容，而试加以品评焉。

审美教育之性质

　　感情生活之发展之最高者，美之理想也。审美教育者何？培养其趣味而发展其美之感觉也。趣味者何？美术价值之知识的辨别，与对美术制作物之情操的感受也。审美教育之最初目的，关于壮大之自然及人间，在能教育儿童，使知以美术物供其娱乐之用而已。

---

　　① 此文刊于1907年6月《教育世界》151号。

其次，则贵能评量美术的价值。氏引拉斯铿之言以明之曰："凡对少年之士及非专门家之学子，不在使之自得其技术，知品评他人之技术而得其正鹄，斯为要尔。"是故为教员者，但能养成儿童俾知以智识的赏玩美术，则既足矣，其余之事非所关也。

审美教育所以为人忽视之故

以审美教育与体育智育德育等比较观之，则美育之为世人所忽视，亦固其宜。此其理由有三焉：（一）以其属情育之一部，故美育之于近世教育中，不能占独立之地步。如海尔巴德，即于知力及意志外，不予感情以独立之价值。此外，叔本华然也，巴尔善亦然也。要之皆以审美的感觉赅括于情操之下，而于意志论中述之矣。（二）以学科课目中所含审美的教材，以较智识的教材、道德的教材，所占范围绝小。（三）巧妙而有势力之议论，能使人于技术之重要，转至淡焉若忘。如罗惹克兰支之《教育之哲学》，于健康真理宗教道德之理想，谆谆论之；而于美之理想，则不置一辞。又如斯宾塞之《教育论》，其被影响于教育界也，殆五十年之久，而彼于审美的兴味，等闲视之，一若以文学技术为无益之举。其言曰："文学技术占生涯之余暇之部分，故当属教育以外之事耳。"方功利主义风靡一时之秋，则美育之为其人所忽视，又奚足怪哉！

卢骚之审美教育说

卢骚之著《爱弥耳》也，其教育之一般目的，未可谓为高远。彼非欲得笃实坚固委身徇道之人物，欲学者得平和闲雅之境遇耳；非欲其进取的之计画，欲其以受动的享娱乐之生涯耳。卢氏教育之目的如此，诚未可言高远。虽然，彼于审美教育之价值，则能认见之矣。卢骚曰："使爱弥耳就一切事物感其为美而爱之，是所以固定其爱情，保持其趣味也；所以遏其自然之欲望，而使之不至堕落也；所以防其卑劣之心情，而不至以财帛为幸福也。"移卢氏此言以观今日社会之况，则诚有所见矣。

柏拉图之审美教育说

上而溯柏拉图之审美教育说，可见其较斯氏之说为更高远矣。斯氏言使吾人遂完全之生活者乃教育之所任。斯说也与柏拉图同。然所谓完全之生活，意义迥异。何则？前者仅指物质的现象，后者则于灵魂之无穷之运命亦赅而言之也。实则希腊思想所远贶于近时世界者，即所谓"美"是已。柏拉图于《理想的国家》中，有言曰："使吾人之守护者，于缺损道德的调和之幻梦中，成长为人，吾人之所不好。愿使我技术家有天禀之能力而能辨别'美'与'雅'之真性质，则彼辈青年庶得托足于健全之境遇耳。"以言高尚之训练，殆未有逾此者也。

"健全之精神宿于健全之身体"，罗马人之理想也；而"美之精神宿于美之身体"，则希腊人之理想。吾人既欲实现前者之理想，亦愿实现后者之理想。

审美教育之重要

由上之说，则开拓儿童之美的感觉，果如何重要乎？今欲就四项详说之：（一）审美之休养的价值。（二）社会的价值。（三）心理的价值。（四）伦理的价值。

美育之休养的价值

凡人于日日为事时，不可无休养。审美的教育即为此之故，而于人间之智的生活中，诱导游戏之分子，而保持之者也。审美的感动即对美之观念之快感。而常能诱起其感情者，不外美术的建筑物、雕刻、绘画、诗歌、音乐或自然景色之类。吾人之心意，常由此等而进于幸福之冥想。而其所为冥想也，决非为吾人之利用厚生，惟归于吾人生活之完全耳。故此等诸端，实为吾人自身供娱乐之用者。一切技术决无期满足于未来之性质，惟于现在之时、现在之处，供给吾人以满足而已。是故为自身而与以快感者，即审美的快感。以此义言，则吾人即于日常之业务，亦得发见审美的要素于其中。同一事也，以审美的企图之，则感为快，不然则感为苦。吾人之灵魂，得由审美的技术而脱离苦痛。斯义也，叔本华之哲学中既言之，学者所共稔也。吾人于纷纭万状之生涯中，而得技术以维持其游戏之分子，此所以增人间之悦乐，而因之占人类生存之胜利耳。故虽谓人类之绝对的利益，全出审美教育之赐，亦何不可之有？

美育之社会学的价值

以社会学见地观之，则审美教育者，所以于完全之人类的境遇，调和人间者也。人类以科学、历史、技术为世世相遗之产业。故教育之责，即在以是等遗产传诸新时代，而期其合宜焉尔。教育者苟忽视美育，非既与教育之本义大相刺谬耶？吾人之灵魂，未达于审美的醒觉，则不能[具]感受之灵性。故其灵魂惟往来于科学的事实、历史的事实之范围中，欲以达人类之理想之境遇，奚其可？

美育之心理学的价值

以心理学的见地观之，则个人意识之完全发达，亦以美育为必要。意识者，不但有知的意的性质，又一面有情的性质。而美之感觉，实吾人感情生活中最高尚之部分也。偏于智识则冷静，偏于实际则褊狭，知所谓美而爱之，则冷者温，狭者广矣。人之灵魂，对偏于智识者而告之曰："汝亦知智识而外，尚有不能以知识记载者乎？"又对偏于实际者而告之曰："汝知人世所谓有益者之外，尚有有价值者乎？"真理之智识使人能辨别事物，而不能使之爱好事物。善良之意志足以匡正人心，而不足以感动人心。欲使人间生活进于完全，则尚有一义焉，曰：真知其为美而爱之者是已。

美育之伦理的价值

吾人于审美教育中，又见其有伦理的价值。欲彰斯义，诚难求详。然知其为恶德，则觉有丑劣不堪之象横于目前；知其为美德，则恍有美艳夺人之色，炫于胸中。是说也，其诸人人所皆首肯者乎？固知所谓恶德，亦有时以虚饰而惑人；所谓美德，亦有时以严酷而逆物。然见恶德而觉其丑恶时，吾之审美的灵性必斥之；见美德而觉其美丽时，吾之审美的灵性必与之：斯固无容疑议者也。不论何时何地。人间之行为常与道德的基本一致，故其内容可谓之为正。然至实现其行为之动机，则与云道德的，宁谓为审美的。要之，人间之行为，于其内容则道德的也，于其计画则审美的也。是故不为美而仅为正义之行为，终不能有伦理的价值也。

审美教育之实际问题

由前之说而知审美教育之重要矣。于是遂生一实际问题焉，曰：学校于美育一事，宜如何而后可？从吾人之要求，则亦无他，修养美的感觉，获得美的意识是已。美之感觉何以修养？曰：惟吾之耳目与灵魂，对人间及自然之事业，而觉悟其为完全之时，可以得。譬如睹精巧之雕刻物，观神妙之绘画，闻抑扬宛转之音乐，读深邃高远之文学，山川日月，草木万物，贶我以和平之心情，畀我以昂藏之意气。于斯时也，吾人对耳目所接触者，感其物之完全，而悦乐生焉，则美之感觉克受修养之益矣。如此审美的经验，即以吾人感情的感触其所爱好之事物，而人类经验中最高尚之形式也。若于此外更求高尚之经验，其惟宗教的感情乎？然而宗教的感情，亦不外完全之美的要素，既人格化，而人间以意识的而结合之者耳。

宜利用境遇之感化

然则于学校中，开拓美之感觉，当何如乎？窃以为其最要者，在利用境遇之感化，使家庭学校之一切要素，悉为审美的，则儿童日处其中，所受感化必大矣。

宜推广技能之学科课程

今世虽以文学为美术之一，于学科课程中颇占相宜之地位，然其余技术似不应下于文学，窃谓自今以往，亦宜注重。如唱歌，如玩奏乐器，皆宜加意肄习。如木工、金工、抟土等，宜于实用的外，更加以审美的。如于图画及其他学科，宜教以形色之要素是也。

宜改良技能科之教法

自然研究之教授法，不可仅如今日之为科学的。于读书教授法则，此后宜留意于趣味一面。初等国文科之教材，亦宜多采单简之叙事诗或神话的要素，不可过列近时之作。如是，庶可避今世言语学的文法的之弊，而于文学的形式及其理想，乃能玩味之矣。又如劝诱儿童，频往来于教育博物馆或美术陈列所，是亦其一端也。

宜创造审美的之校风

以此义言，必有自由安适及德行优秀诸点，而后可谓之为美。

宜培养审美的之教师

教师为儿童之表率，故欲举美育之功，则教者自身不可不先为审美的。故教室中之行为及日常之举动，其风采容仪不可不慎。捐时力财力之几分，肄习诗歌音乐书画之类，以为自己修养之资，斯固为教师者所不可少之要义也。

霍恩之美育说大略如右。其说平淡无精义，名高如霍氏，而其立说仅如此，似不足副吾辈之宿望。且彼自谓近人之忽视美育，一以置美育于情育之中故，而彼反自蹈其弊。又谓美育之不振，由学科课程中含美的要素者少，然美育之于学科课程中，其位置宜若何，其分量宜若何？亦未切实言之，未可谓为得也。虽然，以趣味枯索如今日之教育界，而得霍氏之热心鼓吹，一促时人之反省，其为功也固亦伟矣！今是以介绍其学说，亦窃愿今世学者知美育之重要，而相与从事研究云尔。

教育家之希尔列尔[①]

希尔列尔，世界的文豪也。以其伟大之性格，深远之热情，发之诗歌戏曲，而为文学界之明星皓月，此固尽人知之矣。自教育之见地观之，则世界之读其著作者，实受其深远广博之感化，谓彼与格代相并，而为教育史上之伟人，非拟诸不伦也。

希尔列尔以为真之与善，实赅于美之中。美术文学非徒慰藉人生之具，而宣布人生最深之意义之艺术也。一切学问，一切思想，皆以此为极点。人之感情惟由是而满足、而超脱，人之行为惟由是而纯洁、而高尚。其解美术文学也如此。故谓教人以为人之道者，不可不留意于美育。一千七百九十三年，即其三十四岁时，曾以书简之体裁著一美育论。其书大旨，谓不施美育则德育无自完全，此与希腊人所谓"人之精神不取径于美，不能达于善"者，意义相同。然希腊人之所谓美育，第就个人之修养言，若夫由人道之发展上而主张美育者，不得不推此世界大诗人矣。

希尔列尔之美育论，盖鉴于当时之弊而发。十八世纪，宗教之抑情的教育犹跋扈于时。彼等不谋性情之圆满发达，而徒造成偏颇不自然之人物，其弊一也。一般学者惟知力之是尚，欲批评

---

①此文刊于1906年2月《教育世界》118号。

一切事实而破坏之，其弊二也。当时德国人民偏于实用的、利己的，趣味甚卑，目光甚短，其弊三也。知此，则读彼之美育论者，思过半矣。

希氏所作，莫不含有道德的、教育的旨趣者。其二十五岁时著一论，谓剧场教育之势力不亚于学校。所著九种曲，今各国中学之教德语者，俱取为教科书。是盖以爱人道、爱正义、爱自由、爱国家社会之精神，灌输于后世少年者也。就中如《瑞士义民传》，德国学生莫不熟读暗记。一千八百十三年，普国所以起自由军而抗法兰西者，实此戏曲鼓舞人民爱国之心，有以使然耳。

希尔列尔不但为广义之教育家也，三十岁时，尝于厄讷大学教授史学，为学生所敬慕。又尝研究汗德之哲学，世称"哲学诗人"。生平笃于友谊，严于自治，故虽谓为实际之教育家亦可。其诗集中，有足窥见彼之教育意见者一节：

Glticklicher Säugling!die ist ein unendlicher Raum moch，die

Werden Mann，und die wird eng die unendliche wiege，Welt.

翳摇篮之局促兮，

于婴儿则广居。

恐他时置身世界兮，

或躅躇而滋戚。

孔子之美育主义[1]

　　诗云："世短意常多，斯人乐久生。"岂不悲哉！人之所以朝夕营营者，安归乎？归于一己之利害而已。人有生矣，则不能无欲；有欲矣，则不能无求；有求矣，不能无生得失；得则淫，失则戚：此人人之所同也。世之所谓道德者，有不为此嗜欲之羽翼者乎？所谓聪明者，有不为嗜欲之耳目者乎？避苦而就乐，喜得而恶丧，怯让而勇争：此又人人之所同也。于是，内之发于人心也，则为苦痛；外之见于社会也，则为罪恶。然世终无可以除此利害之念，而泯人己之别者欤？将社会之罪恶，固不可以稍减，而人心之苦痛遂长此终古欤？曰：有，所谓"美"者是已。

　　美之为物，不关于吾人之利害者也。吾人观美时，亦不知有一己之利害。德意志之大哲人汗德，以美之快乐为不关利害之快乐（disinterested pleasure）。至叔本华而分析观美之状态为二原质：（一）被观之对象，非特别之物，而此物之种类之形式；（二）观者之意识，非特别之我，而纯粹无欲之我也（《意志及观念之世界》第一册，二百五十三页。按，指英译本）。何则？由叔氏之说，人之根本在生活之欲，而欲常起于空乏。既偿此欲，则此欲以终；然欲之

----

① 此文刊于1904年2月《教育世界》69号。

被偿者一，而不偿者十百；一欲既终，他欲随之。故究竟之慰藉，终不可得。苟吾人之意识而充以嗜欲乎？吾人而为嗜欲之我乎？则亦长此辗转于空乏、希望与恐怖之中而已，欲求福祉与宁静，岂可得哉！然吾人一旦因他故，而脱此嗜欲之网，则吾人之知识已不为嗜欲之奴隶，于是得所谓"无欲之我"。无欲故无空乏，无希望，无恐怖；其视外物也，不以为与我有利害之关系，而但视为纯粹之外物。此境界惟观美时有之。苏子瞻所谓"寓意于物"（《宝绘堂记》）；邵子曰："圣人所以能一万物之情者，谓其能反观也。所以谓之反观者，不以我观物也。不以我观物者，以物观物之谓也。既能以物观物，又安有我于其间哉？"（《皇极经世·观物内篇》七）此之谓也。其咏之于诗者，则如陶渊明云："采菊东篱下，悠然见南山。山气日夕佳，飞鸟相与还。此中有真意，欲辨已忘言。"谢灵运云："昏旦变气候，山水含清晖。清晖能娱人，游子憺忘归。"或如白伊龙云："I Live not in myself, but I become/ Portion of that around me; and to me/ High mountains are a feeling." 皆善咏此者也。

夫岂独天然之美而已？人工之美亦有之。宫观之瑰杰，雕刻之优美雄丽，图画之简淡冲远，诗歌音乐之直诉人之肺腑，皆使人达于无欲之境界。故泰西自雅里大德勒[①]以后，皆以美育为德育之助。至近世，谑夫志培利[②]、赫启孙等皆从之。乃德意志之大诗人希尔列尔出，而大成其说，谓："人日与美相接，则其感情日益高，而暴慢鄙倍之心自益远。故美术者，科学与道德之生产地也。"又谓："审美之境界乃不关利害之境界，故气质之欲灭，而道德之欲得由之以生。故审美之境界，乃物质之境界与道德之境界之津梁也。于物质

---

① 雅里大德勒：今通译为亚里士多德，古希腊哲学家。

② 谑夫志培利：今通译为舍夫茨别利或夏夫兹伯里，英国哲学家、美学家。

之境界中，人受制于天然之势力；于审美之境界则远离之；于道德之境界则统御之。"（希氏《论人类美育之书简》）由上所说，则审美之位置犹居于道德之次。然希氏后日更进而说美之无上之价值，曰："如人必以道德之欲克制气质之欲，则人性之两部犹未能调和也。于物质之境界及道德之境界中，人性之一部，必克制之以扩充其他部。然人之所以为人，在息此内界之争斗，而使卑劣之感跻于高尚之感觉。如汗德之严肃论中，气质与义务对立，犹非道德上最高之理想也。最高之理想存于美丽之心（Beautiful Soul），其为性质也，高尚纯洁，不知有内界之争斗，而惟乐于守道德之法则，此性质惟可由美育得之。"（芬特尔朋①《哲学史》第六百页）此希氏最后之说也。顾无论美之与善，其位置孰为高下，而美育与德育之不可离，昭昭然矣。

今转而观我孔子之学说。其审美学上之理论虽不可得而知，然其教人也，则始于美育，终于美育。《论语》曰："小子何莫学夫诗。诗可以兴，可以观，可以群，可以怨。迩之事父，远之事君。多识于鸟兽草木之名。"又曰："兴于诗，立于礼，成于乐。"其在古昔，则胄子之教，典于后夔；大学之事，董于乐正。然则以音乐为教育之一科，不自孔子始矣。荀子说其效曰："乐者，圣人之所乐也，而可以善民心。其感人深，其移风易俗。……故乐行而志清，礼修而行成，耳目聪明，血气和平，移风易俗，天下皆宁。"（《乐论》）此之谓也。故"子在齐闻《韶》"，则"三月不知肉味"。而韶乐之作，虽挈壶之童子，其视精，其行端。音乐之感人，其效有如此者。

且孔子之教人，于诗乐外，尤使人玩天然之美。故习礼于树

---

① 芬特尔朋：今通译为文德尔班，德国哲学家。

下，言志于农山，游于舞雩，叹于川上，使门弟子言志，独与曾点。点之言曰："莫春者，春服既成，冠者五六人，童子六七人，浴乎沂，风乎舞雩，咏而归。"由此观之，则平日所以涵养其审美之情者可知矣。之人也，之境也，固将磅礴万物以为一，我即宇宙，宇宙即我也。光风霁月不足以喻其明，泰山华岳不足以语其高，南溟渤澥不足以比其大。邵子所谓"反观"者非欤？叔本华所谓"无欲之我"、希尔列尔所谓"美丽之心"者非欤？此时之境界，无希望，无恐怖，无内界之争斗，无利无害，无人无我，不随绳墨而自合于道德之法则。一人如此，则优入圣域；社会如此，则成华胥之国。孔子所谓"安而行之"，与希尔列尔所谓"乐于守道德之法则"者，舍美育无由矣。

　　呜呼！我中国非美术之国也！一切学业，以利用之大宗旨贯注之。治一学，必质其有用与否；为一事，必问其有益与否。美之为物，为世人所不顾久矣！故我国建筑、雕刻之术，无可言者。至图画一技，宋元以后，生面特开，其淡远幽雅实有非西人所能梦见者。诗词亦代有作者。而世之贱儒辄援"玩物丧志"之说相诋。故一切美术皆不能达完全之域。美之为物，为世人所不顾久矣！庸讵知无用之用，有胜于有用之用者乎？以我国人审美之趣味之缺乏如此，则其朝夕营营，逐一己之利害而不知返者，安足怪哉！安足怪哉！庸讵知吾国所尊为"大圣"者，其教育固异于彼贱儒之所为乎？故备举孔子美育之说，且诠其所以然之理。世之言教育者，可以观焉。

论教育之宗旨[①]

　　教育之宗旨何在？在使人为完全之人物而已。何谓完全之人物？谓人之能力无不发达且调和是也。人之能力分为内外二者：一曰身体之能力，一曰精神之能力。发达其身体而萎缩其精神，或发达其精神而罢敝其身体，皆非所谓完全者也。完全之人物，精神与身体必不可不为调和之发达。而精神之中又分为三部：知力、感情及意志是也。对此三者而有真美善之理想："真"者知力之理想，"美"者感情之理想，"善"者意志之理想也。完全之人物，不可不备真美善之三德，欲达此理想，于是教育之事起。教育之事亦分为三部：智育、德育（即意育）、美育（即情育）是也。如佛教之一派，及希腊罗马之斯多噶派，抑压人之感情而使其能力专发达于意志之方面；又如近世斯宾塞尔之专重智育，虽非不切中一时之利弊，皆非完全之教育也。完全之教育，不可不备此三者，今试言其大略。

一、智育

　　人苟欲为完全之人物，不可无内界及外界之知识，而知识之程度之广狭，应时地不同。古代之知识至近代而觉其不足，闭关自守时之知识，至万国交通时而觉其不足。故居今之世者，不可无今世

---

　　①此为佚文，刊于1903年8月《教育世界》56号。

之知识。知识又分为理论与实际二种；溯其发达之次序，则实际之知识常先于理论之知识，然理论之知识发达后，又为实际之知识之根本也。一科学如数学、物理学、化学、博物学等，皆所谓理论之知识。至应用物理、化学于农工学，应用生理学于医学，应用数学于测绘等，谓之实际之知识。理论之知识乃人人天性上所要求者，实际之知识则所以供社会之要求，而维持一生之生活。故知识之教育，实必不可缺者也。

二、德育

然有知识而无道德，则无以得一生之福祉，而保社会之安宁，未得为完全之人物也。夫人之生也，为动作也，非为知识也。古今中外之哲人无不以道德为重于知识者，故古今中外之教育无不以道德为中心点。盖人人至高之要求，在于福祉，而道德与福祉实有不可离之关系。爱人者人恒爱之；敬人者人恒敬之。不爱敬人者反是。如影之随形，响之随声，其效不可得而诬也。《书》云："惠迪，吉；从逆，凶。"希腊古贤所唱福德合一论，固无古今中外之公理也。而道德之本原又由内界出而非外铄我者。张皇而发挥之，此又教育之任也。

三、美育

德育与智育之必要，人人知之，至于美育有不得不一言者。盖人心之动，无不束缚于一己之利害；独美之为物，使人忘一己之利害而入高尚纯洁之域，此最纯粹之快乐也。孔子言志，独与曾点；又谓"兴于诗"，"成于乐"。希腊古代之以音乐为普通学之一科，及近世希痕林①、希尔列尔②等之重美育学，实非偶然也。要之，美育

---

① 希痕林：今通译为谢林，德国哲学家。

② 希尔列尔：今通译为席勒，德国哲学家、诗人。

者一面使人之感情发达，以达完美之域；一面又为德育与智育之手段，此又教育者所不可不留意也。

然人心之知情意三者，非各自独立，而互相交错者。如人为一事时，知其当为者"知"也，欲为之者"意"也，而当其为之前（后）又有苦乐之"情"伴之：此三者不可分离而论之也。故教育之时，亦不能加以区别。有一科而兼德育智育者，有一科而兼美育德育者，又有一科而兼此三者。三者并行而得渐达真善美之理想，又加以身体之训练，斯得为完全之人物，而教育之能事毕矣。

教育偶感四则①

体罚果可废欤

天下之至弱者，人生亦其一欤？东方之学者曰"匹夫不可夺志"，西方之学者曰"意志自由"。虽然，征之事实，吾人之志，果不可夺乎哉？吾人之意志，果得自由乎哉？今夫一卷之石，支之以几，则寂然不动，然一旦去其支之之物，则不坠于地不已；无他，因果律为之也。今夫植物，枝叶扶疏，以趋日光，根垂地中，以逐土浆。不知其然，而若有不得不然者，无他，刺冲律为之也。若夫吾人之于动机，其有以异于是乎？就事实上言之，吾人之心，动机之战场耳；吾人之行为，动机之傀儡耳。吾人有特别之性质，对特别之动机，必有特别之行为应之。其有时而不然者，必他种之动机制之也。而此他种之动机，所以能制此种之动机者，必其势力强于此，不然必其相等者也。顾吾人虽各有特别之性质，而有横于人人性质之根柢者，则曰生活之欲。故凡可以保存吾人自己之生活及吾人之种姓者，其入吾人之知识中，而为其行为之动机也，常什佰于他动机之势力。古今圣哲之所以垂教者，无非欲限制此动机而已。

① 此文作于1904年，收入《静庵文集》。

政治与法律，宗教与教育，孰非由此而起乎？今夫御人于国门之外，杀其人而夺其资，此世所谓大憝者也。然非有他动机以制之，吾知迫于生活之欲而为此者，且相踵也。其所以不敢者，必畏死刑之随其后也；不然，则畏死后之天罚也；不然，则畏舆论之势力，抑由本然之良心有不许其如此者也。故吾人之精神中，亦惟动机与动机之战斗而已。所谓意志之自由者，果安在欤？今之言法律者，则曰：废死刑。言教育者，则曰：废体罚。死刑与体罚之当废，固已。而不图强他种之动机以易之，则其弊余又乌知其所底哉！又乌知其所底哉！

寺院与学校

《易传》曰："立人之道，曰仁与义。"仁之德尚矣，若夫义，则固社会所赖以成立者也。义之于社会也，犹规矩之于方圆，绳墨之于曲直也。社会无是，则为鱼烂之民；国家无是，则为无政府之国。凡社会上之道德，其有积极之作用者，皆可以一"仁"字括之；其有消极之作用者，皆可以一"义"字括之。而其于社会上之作用，则消极之道德，尤要于积极之道德。前者，政治与法律之所维持；后者，宗教与教育之目的也。故《大学》言"平天下"，首言"絜矩之道"，而后言积极之道德。"所恶于前，毋以先后；所恶于后，毋以从前。"消极之道德也，义也。"民之所好，好之，民之所恶，恶之。"积极之道德也，仁也。"己所不欲，勿施于人"，义也。"己欲立而立人，己欲达而达人"，仁也。"非义非道，一介不以与人，一介不以取诸人"，义也；"以斯道觉斯民"，仁也。仁之事，非圣哲不能。若夫义，则苟栖息社会以上者，不可须臾离者也。人有生命，有财产，有名誉，有自由，此数者，皆神圣不可侵犯之权利也。苟有侵犯之者，岂特渎一人神圣之权利而已，社会之安宁，亦将岌岌不可终日。故有立法者以虑之，有司法者以行之。不然，彼窃盗者果安罪哉？彼迫于饥寒之苦，而图他人锱铢之利，固情之所可恕者也。然法律上所以不能恕之者，则以其危财产之权利也。人苟失其财产之权利，则无储蓄之心；无储蓄之心，则无操作之心；人人不思操作，则社会之根柢摇矣。故凡侵犯他人之生命、财产、自由者，皆社会所谥为不义，而为全社会之大戮者也。故曰：义之于社会，其用尤急于仁。仁之事，非圣哲不能，而义之事，则亦得由利己主义推演之，非特社会之保障，亦个人之金城也。今转而观我国之社会，则正义之思想之缺乏，实有可惊者。岂独平民而已，即素号开通之绅士，竟侗然不知正义之为何物。往者某府有设中学校者，其地邻佛寺，遂以官力兼并寺而有之。僧狼狈迁他所，曰："嘻，此盗所不为也！"原此寺之建，未必不由社会之物力，然僧侣之居处之、经营之者，且数百年，则其为个人之财产固已久矣。已乃不顾一切，以强力夺弱者之所有而有之，并使之无所控告，则自僧侣言之，谓之烈于盗贼，诚非过也。设更有强有力者出，夺该校而有之，则创设该校者之感情又当何如？夫使生徒入如此之讲室，居如此之寄宿舍，而欲涵养其正义之德性，岂非欲行而求前，南辕而北其辙哉？夫以佛寺与学校较，则似学校有用而佛寺无用矣，然以建一校而摇社会之根柢，则其孰得孰失，孰利孰害，宁待知者而决哉！则夫彼之持实利主义者，其于此主义实尚未能贯彻也。夫余岂疾学校而庇游食之民哉？余恶夫正义之德之坠于地也，故不得不辨。

大学及优级师范学校之削除哲学科

《奏定学堂章程》，张制军之所手定，其大致取法日本学制，独于文科大学中，削除哲学一科，而以理学科代之。夫理学之于哲学，如二五之于一十，且理学之名，为我中国所固有，其改之也固宜。独自其科目之内容观之，则所谓理学者，仅指宋以后之学说，而其教授之范围亦限于此。夫大学之设哲学科，不自日本始也。欧洲中世以降，大学必备医学、法学、哲学、神学四科。德意志之大学，今日犹仍此制。其余各国大学，无不设此科者。今当兴学之始而独削此科，岂以性与天道，非中人以下所得闻欤？抑惧诐词邪说之横溢而亟绝之欤？于是吾人不得不美制军之政策贤于欧洲政治家远矣。抑吾闻叔本华之言，曰：大学之哲学，真理之敌也。真正之哲学，不存于大学哲学，惟恃独立之研究始得发达耳。然则制军之削此科，抑亦斯学之幸欤？

至于优级师范学校则不然。夫师范学校，所以养成教育家，非养成哲学家之地也，故其视哲学也，不以为一目的，而以为一手段。何则？不通哲学，则不能通教育学及与教育学相关系之学故也。且夫探宇宙人生之真理，而定教育之理想者，固哲学之事业。然此乃天才与专门家之所为，非师范学校之生徒所能有事也。师范学校之哲学科，仅为教育学之预备，若补助之用，而其不可废，亦即存乎此。何则？彼挟宇宙、人生之疑惑，而以哲学为一目的而研究之者，必其力足以自达，而无待乎设学校以教之。且宇宙、人生之事实，随处可观，而其思索以自己为贵。故大学之不设哲学科，无碍斯学之发达也。若夫师范学校之生徒，其志望惟欲为一教育家，非于哲学上有极大之兴味也。而哲学之与教育学之关系，凡稍读教育学之一二页者，即能言之。今以他学喻之，殆如物理学、化学之与工学之关系，生理学、解剖学之与医学之关系乎。世未有舍物理学、化学而言工学，舍生理学、解剖学而言医学者。今欲舍哲学而言教育学，此则愚所大惑不解者也。

文学与教育

生百政治家，不如生一大文学家。何则？政治家与国民以物质上之利益，而文学家与以精神上之利益。夫精神之于物质，二者孰重？且物质上之利益，一时的也；精神上之利益，永久的也。前人政治上所经营者，后人得一旦而坏之，至古今之大著述，苟其著述一日存，则其遗泽且及于千百世而未沫。故希腊之有鄂谟尔也，意大利之有唐旦也，英吉利之有狭斯丕尔也，德意志之有格代也，皆其国人人之所尸而祝之、社而稷之者，而政治家无与焉。何则？彼等诚与国民以精神上之慰藉，而国民之所恃以为生命者，若政治家之遗泽，决不能如此广且远也。

今之混混然输入于我中国者，非泰西物质的文明乎？政治家与教育家，坎然自知其不彼若，毅然法之。法之诚是也，然回顾我国民之精神界，则奚若？试问我之大文学家，有足以代表全国民之精神，如希腊之鄂谟尔、英之狭斯丕尔、德之格代者乎？吾人所不能答也。其所以不能答者，殆无其人欤？抑有之而吾人不能举其人以实之欤？二者必居一焉。由前之说，则我国之文学不如泰西；由后之说，则我国之重文学不如泰西。前说我所不知，至后说，则事实较然，无可讳也。我国人对文学之趣味如此，则于何处得其精神之慰藉乎？求之于宗教欤？则我国无固有之宗教，印度之佛教，亦久失其生气。求之于美术欤？美术之匮乏，亦未有如我中国者也。则夫蚩蚩之氓，除饮食男女外，非鸦片赌博之归而奚归乎！故我国人之嗜鸦片也，有心理的必然性，与西人之细腰、中人之缠足，有美学的必然性无以异。不改服制而禁缠足，与不培养国民之趣味而禁鸦片，必不可得之数也。夫吾国人对文学之趣味既如此，况西洋物质的文明又有滔滔而入中国，则其压倒文学，亦自然之势也。夫物质的文明取诸他国，不数十年而具矣，独至精神上之趣味，非千百年之培养，与一二天才之出，不及此。而言教育者，不为之谋，此又愚所大惑不解者也。

教育小言十三则①

（一）

今有一厂主，集群职工而谕之曰："汝等各勤汝职，数年后，余将使汝治会计，事少而偿多，足以剂汝今日之劳矣。汝等虽不娴，余不汝责也。"群职工大喜，日夜以希主人之所以许之者，事益不治。呜呼！如斯厂者，为职工计，诚得矣；其如一厂之资本何？余以为，今之以官爵奖励人才者，实无以异于此也。

（二）

今之世界，分业之世界也。一切学问，一切职事，无往而不需特别之技能、特别之教育。一习其事，终身以之。治一学者之不能使治他学，任一职者之不能使任他职，犹金工之不能使为木工，矢人之不能使为函人也。

---

①此文作于1907年，收入《静庵文集续编》。

（三）

今之用人行政者，则殊异乎是。夫天下之事至繁赜也，所需之人才至纷沓也，而上所以驭之者至简；始则以"洋服"二字括之，继则以"新学"或"新政"二字括之。其所以奔走之者，则以"官"之一字括之。

（四）

夫治官之事，而以官奔走之犹可言也。然必须所与之官与其所治之事相合，然后在上者能收其用，而在下者能尽其职。今则不然，师范生服务期满，则与以官矣；高等教育之卒业者，亦与以官矣。

（五）

夫官之名，至广莫也；种类，至复杂也。以能任一事之才，而与以至广漠之名，使之他日治不可知之事，比之厂主使职工治会计者，其智之相越盖不远矣。

（六）

且官之为物，兼劳动与报酬二义。所受之报酬，即所以偿其同时之劳动，非可以为奖励之具也。如以是为奖励，则人之得之者，必但注意于报酬之一面，而忘其劳动之一面，不然则奖励之谓何矣。且师范生服务期限止于五年，以五年之劳动而于相当之报酬外，又得终身之报酬，为劳动者计则得矣。上之所以报之者，独不虑有所不给乎？

（七）

吾国下等社会之嗜好，集中于"利"之一字；中社会之嗜好，亦集中于此；而以"官"为利之代表，故又集中于"官"之一字。夫欲以一二人之力，拂社会全体之嗜好，以成一事，吾知其难也。知拂之之不可，而忘夫奖励之之尤不可，此谓能见秋毫之末，而不能见泰山者矣。

（八）

教育，神圣之事业也。日本之不以教员待教员，而以官待教员，吾人之素所不喜也。然以今日我国上下之趋势观之，则知彼国之以教员为一官职，而即于其中迁转者，真可谓斟酌于教育之独立与社会人心之趋向之间，而得其平者矣。

（九）

夫教员、医生、政治家、法律家、工学家之学，固职业的学问也。对此等学问家，而以其职业上相当之官与之，则上得以收其用，而下得以尽其长，固非徒奖励之为而已。但美其名曰"奖励"，曰"报酬"，而混其报酬之之物曰"官"，则于用人之目的已失，而其手段又误。如上文之所批评，其理固人人之所易解也。以职业的学问而犹若是，况于非职业的学问乎？

（十）

非职业的学问何？科学、哲学、文学、美术四者是已。治职业者，苟心乎职业外之某物（官），则已不能平心于其职，况乎对非职业的学问家，而与以某种之职业（官）乎？故以官奖励职业，是旷废职业也；以官奖励学问，是剿灭学问也。今以官与服务期满之师范生，非所谓以官奖励职业者乎？以官之媒介之举人进士，予卒业生，非所谓以官奖励学问者乎？上之所以奖励之者如此，无怪举天下不知有职业学问，而惟官之是知也。

（十一）

日本当明治七年间，日人谓其大学校曰官吏制造所。试问我国之制造官吏者，独一大学而已乎？以大学为未足，而又制造之于优级、初级师范学校矣；以国内为未足，而又制造于国外矣。

（十二）

今之人士之大半，殆舍官以外无他好焉。其表面之嗜好，集中于官之一途，而其里面之意义，则今日之道德、学问、实业等皆无价值之证据也。夫至道德、学问、实业等皆无价值，而惟官有价值，则国势之危险何如矣！社会之趋势既已如此，就令政府以全力补救之犹恐不及，况复益其薪而推其波乎？

（十三）

故为今日计，政府不可不执消极及积极之二方法。消极之法，则不以官为奖励之具是已；积极之法，则必使道德、学问、实业等有独立之价值，然后足以旋转社会之趋势。然用第二方法而一不慎，则世且有以道德、学问、实业为手段而求官者，失之毫厘，差以千里。此又不可不注意也。

教育小言十则[①]

（一）

学术之绝，久矣。昔孔子以老者不教、少者不学为国之不祥；闵子马以原伯鲁之不悦学，而卜原氏之亡。今举天下之人而不悦学几何？不胥人人为不祥之人，而胥天下而亡也。

（二）

或曰：今日上之人，日言奖励学术；下之人，日言研究学术；子曷言其不悦学也？曰：上之奖励之者，以其名也，否则以其可致用也；其为学术自己故而尊之者几何？下之研究之者，亦以其名也，否则以其可得利禄也，否则以其可致用也；其为学术自己故而研究之者，吾知其不及千分之一也。

---

① 本文作于1907年，收入《静庵文集续编》。

（三）

夫然，故今之学者，其治艺者多，而治学者少。即号称治学者，其能知学与艺之区别，而不视学为艺者，又几人矣？故其学苟可以得利禄，苟略可以致用，则遂嚣然自足，或以筌蹄视之。彼等于学问，固无固有之兴味，则其中道而止，固不足怪也。

（四）

治新学者既若是矣，治旧学者又何如？十年以前，士大夫尚有闭户著书者，今虽不敢谓其绝无，然亦如凤毛麟角矣。夫今日欲求真悦学者，宁于旧学中求之。以研究新学者之真为学问欤？抑以学问为羔雁欤？吾人所不易知。不如深研见弃之旧学者，吾人能断其出于好学之真意故也。然今则何如？

（五）

德清俞氏之殁，几半年矣。俞氏之于学问，固非有所心得，然其为学之敏与著书之勤，至耄而不衰，固今日学者之好模范也。然于其死也，社会上无铺张之者，亦无致哀悼之词者；计其价值，乃不如以脑病蹈海之留学生。吾国人对学问之兴味如何，亦可于此观之矣！

（六）

然吾人亦非谓今之学者绝不悦学也，即有悦之者，亦无坚忍之志，永久之注意。若是者，其为口耳之学，则可矣；若夫绵密之科学，深邃之哲学，伟大之文学，则固非此等学者所能有事也。

（七）

日之暮也，人之心力已耗，行将就床；此时不适于为学，非与人闲话，则但可读杂记、小说耳。人之老也，精力已耗，行将就木；此时亦不适于为学，非枯坐终日，亦但可读杂记、小说耳。今奈何一国之学者而无朝气，无注意力也，其将就睡欤？抑将就木欤？吾不得而知之。吾但祈孔子与闵子马之言之不验而已矣。

（八）

要之，我国人废学之病，实原于意志之薄弱。而意志薄弱之结果，于废学外，又生三种之疾病：曰运动狂，曰嗜欲狂，曰自杀狂。

（九）

前二者之为意志薄弱之结果，人皆知之。至自杀之事，吾人姑不论其善恶如何，但自心理学上观之，则非力不足以副其志而入于绝望之域，必其意志之力不能制其一时之感情，而后出此也。而意志薄弱之社会，反以美名加之，吾人虽不欲科以杀人之罪，其可得乎？

（十）

然则，今日之言教育者，宜如何讲求陶冶意志之道乎？然教育家中，其有强毅之意志者有几？《诗》曰："螟蛉有子，蜾蠃负之。教诲尔子，式穀似之。"此大可为社会前途虑者也。

奏定经学科大学文学科大学章程书后①

　　今日之《奏定学校章程》草创之者黄陂陈君毅，而南皮张尚书实成之。其小学中学诸章程中，亦有不合于教育之理法者，以世多能知之，能言之，余故勿论。今分科大学之立有日矣，且论大学。大学中若医、法、理、工、农、商诸科，但袭日本大学之旧，不知中国现在之情形有当否，以非予之专门，亦不具论，但论经学科、文学科大学。

　　分科大学章程中之最宜改善者，经学、文学二科是已。余谓此张尚书最得意之作也。尚书素以硕学名海内，又于政事之暇不废稽古。观此二科之章程内详定教授之细目及其研究法，肫肫焉不惜数千言，为国家名誉最高、学问最深之大学教授言之，而于中学小学国家所宜详定教授之范围及其细目者，反无闻焉。吾人不能不服尚书之重视此二科，又于其学术上所素娴者不惮忠实陈其意见也。且尚书不独以经术文章名海内，又公忠体国，以扶翼世道为己任者也。故惧邪说之横流，国粹之丧失之意，在在溢于言表，于此二章程中，尤情见乎辞矣。吾人固推重尚书之学问，而于其扶翼世道人心之处，尤不能不再三倾倒也。虽然，尚书之志则善矣，然所以图

---

　　①此文作于1906年，收入《静庵文集续编》。

国家学术之发达者，则固有所未尽焉。今不暇细论其误，特就其根本之处言之如左，以俟当局者采择焉。

其根本之误何在？曰在缺哲学一科而已。夫欧洲各国大学无不以神、哲、医、法四学为分科之基本。日本大学虽易哲学科以文科之名，然其文科之九科中，则哲学科衰然居首，而余八科无不以哲学概论、哲学史为其基本学科者。今经学科大学中虽附设理学一门，然其范围限于宋以后之哲学，又其宗旨在贵实践而忌空谈（《学务纲要》第三十条），则夫《太极图说》《正蒙》等必在摈斥之例。则就宋人哲学中言之，又不过其一部分而已。吾人且不论哲学之不可不特置一科，又不论经学、文学二科中之必不可不讲哲学，且质南皮尚书之所以必废此科之理由如何。

一、**必以哲学为有害之学也**。夫言哲学之害，必自其及于政治上者始矣。数年前，海内自由革命之说虽与欧洲十八世纪哲学上之自然主义稍有关系，然此等说宁属于政治法律之方面，而不属于哲学之方面。今不以此说之故，而废直接之政治法律，何独于间接之哲学科而废之？且吾信昔之唱此说以号召天下者，不独于哲学上之自然主义懵无所知，且亦不知政治法律为何物者也。不逞之徒，何地蔑有？昔之洪、杨，今之孙、陈，宁皆哲学家哉？且自然主义不过哲学中之一家言，与之反对者何可胜道。余谓不研究哲学则已，苟有研究之者，则必博稽众说，而惟真理之从。其有奉此说者，虽学问之自由独立上所不禁，然理论之与实行其间必有辨矣。今者，政体将改，上下一心，反侧既安，莠言自泯，则疑此学为酿乱之麴蘖者，可谓全无根据之说也。

二、**必以哲学为无用之学也**。虽余辈之研究哲学者，亦必昌言此学为无用之学也。何则？以功用论哲学，则哲学之价值失。哲学之所以有价值者，正以其超出乎利用之范围故也。且夫人类岂徒为利用而生活者哉？人于生活之欲外，有知识焉，有感情焉。感情之最高之满足，必求之文学、美术，知识之最高之满足，必求诸哲学。叔本华所以称人为形而上学的动物，而有形而上学的需要者，为此故也。故无论古今东西，其国民之文化苟达一定之程度者，无不有一种之哲学。而所谓哲学家者，亦无不受国民之尊敬，而国民亦以是为轻重。光英吉利之历史者，非威灵吞、纳尔孙，而培根、洛克也。大德意志之名誉者，非俾思麦、毛奇，而汗德、叔本华也。即在世界所号为最实际之国民如我中国者，于《易》之太极、《洪范》之五行、周子之无极，伊川晦庵之理气等，每为历代学者研究之题目，足以见形而上学之需要之存在。而人类一日存，此学即不能一日亡也。而中国之有此数人，其为历史上之光，宁他事所可比哉！今若以功用为学问之标准，则经学文学等之无用亦与哲学等，必当在废斥之列。而大学之所授者，非限于物质的应用的科学不可，坐令国家最高之学府与工场阛阓等，此必非国家振兴学术之意也。夫就哲学家言之，固无待于国家之保护。哲学家而仰国家之保护，哲学家之大辱也。又国家即不保护此学，亦无碍于此学之发达。然就国家言之，则提倡最高之学术，国家最大之名誉也。有腓立大王为之君，有崔特里兹为之相，而后汗德之《纯理批评》得出版而无所惮。故学者之名誉，君与相实共之。今以国家最高之学府，而置此学而不讲，断非所以示世界也。况哲学自直接言之，固不能辞其为无用之学，而自间接言之，则世所号为最有用之学如教育学等，非有哲学之预备，殆不能解其真意。即令一无所用，亦断无废之之理，况乎其有无用之用哉。

三、**必以外国之哲学与中国古来之学术不相容也**。吾谓张尚书之意，岂独对外国哲学为然哉，其对我国之哲学，亦未尝不有戒心焉。故周秦诸子之学，皆在所摈弃，而宋儒之理学，独限于其道德哲学之范围内研究之。然此又大谬不然者也。《易》不言太极，则无以明其生生之旨，周子不言无极，则无以固其主静之说，伊川、晦庵若不言理与气，则其存养省察之说为无根柢。故欲离其形而上学而研究其道德哲学，全不可能之事也。至周秦诸子之说，虽若时与儒家相反对，然欲知儒家之价值，亦非尽知其反对诸家之说不可，况乎其各言之有故，持之成理者哉。今日之时代，已入研究自由之时代，而非教权专制之时代。苟儒家之说而有价值也，则因研究诸子之学而益明其无价值也，虽罢斥百家，适足滋世人之疑惑耳。吾窃叹尚书之知之与杞人等也！昔日杞人有忧天堕而压己者，尚书之忧道，无乃类是。若夫西洋哲学之于中国哲学，其关系亦与诸子哲学之于儒教哲学等。今即不论西洋哲学自己之价值，而欲完全知此土之哲学，势不可不研究彼土之哲学。异日发明光大我国之学术者，必在兼通世界学术之人，而不在一孔之陋儒，固可决也。然则尚书之远虑及此，亦不免三思而惑者矣。

尚书所以废哲学科之理由，当不外此三者。此恐不独尚书一人之意见为然，吾国士大夫之大半，当无不怀此疑虑者也。而其不足疑虑也，既如上所述，则尚书之废此科，虽欲不谓之无理由，不可得也。若不改此根本之谬误，则他日此二科中所养成之人才，其优于占毕帖括之学者几何？而我国之经学、文学，不至坠于地不已。此余所为不能默尔而息者也。

由上文所述观之，不但尚书之废哲学一科为无理由，而哲学之不可不特立一科，又经学科中之不可不授哲学，其故可睹矣。至文学与哲学之关系，其密切亦不下于经学。今天吾国文学上之最可宝贵者，孰过于周秦以前之古典乎？《系辞上下传》实与《孟子》《戴记》等，为儒家最粹之文学，若自其思想言之，则又纯粹之哲学也。今不解其思想，而但玩其文辞，则其文学上之价值已失其大半。此外周秦诸子，亦何莫不然？自宋以后，哲学渐与文学离，然如《太极图说》《通书》《正蒙》《皇极经世》等，自文辞上观之，虽欲不谓之工，岂可得哉。此外如朱子之于南宋，阳明之于明，非独以哲学鸣，言其文学，亦断非同时龙川、水心及前后七子等之所能及也。凡此诸子之书，亦哲学，亦文学。今舍其哲学，而徒研究其文学，欲其完全解释，安可得也！西洋之文学亦然。柏拉图之《问答篇》，鲁克来谑斯之《物性赋》，皆具哲学、文学二者之资格。特如文学中之诗歌一门，尤与哲学有同一之性质。其所欲解释者，皆宇宙人生上根本之问题。不过其解释之方法，一直观的，一思考的；一顿悟的，一合理的耳。读者观格代、希尔列尔之戏曲，所负于斯披诺若、汗德者如何，则思过半矣。今文学科大学中，既授外国文学矣，不解外国哲学之大意，而欲全解其文学，是犹却行而求前，南辕而北其辙，必不可得之数也。且定美之标准与文学上之原理者，亦惟可于哲学之一分科之美学中求之。虽有文学上之天才者，无俟此学之教训，而无才者亦不能以此等抽象之学问养成之。然以有此等学故，得使旷世之才稍省其劳力，而中智之人不惑于歧途，其功固不可没也。故哲学之重要，自经学上言之则如彼，自文学上言之则如此。是故不冀经学、文学之发达则已，苟谋其发达进步，则此二科之章程，不可不自根本上改善之也。

除此根本之大谬外，特将其枝叶之谬论之如左。

一、**经学科大学与文学科大学之不可分而为二也**。经学家之言曰："六经天下之至文。"文学家之言曰："约六经之旨以成文。"二者尚书岂不知之，而顾别经学科于文学科中者，则出于尊经之意，不欲使孔孟之书与外国文学等侏离之言为伍也。夫尊孔孟之道，莫若发明光大之，而发明光大之之道，又莫若兼究外国之学说。今徒于形式上置经学于各分科大学之首，而不问内容之关系如何，断非所以尊之也。且果由尚书之道以尊孔孟，曷为不废外国文学也？貌为尊孔以自附于圣人之徒，或貌为崇拜外国以取媚于时势，二者均窃为尚书不取也。为尚书辩者曰：西洋大学之神学科皆为独立之分科，则经学之为一独立之分科，何所不可？曰：西洋大学之神学科，为识者所诟病久矣。何则？宗教者，信仰之事，而非研究之事。研究宗教，是失宗教之信仰也，若为信仰之故而研究，则又失研究之本义。西洋之神学，所谓为信仰之故而研究者也。故与为研究之故而研究之哲学，不能并立于一科中。若我孔孟之说，则固非宗教而学说也，与一切他学均以研究而益明，而必欲独立一科，以与极有关系之文学相隔绝，此则余所不解也。若为尊经之故，则置文学科于大学之首可耳，何必效西洋之神学科，以自外于学问者哉。

二、群经之不可分科也。夫"不通诸经，不能解一经"，此古人至精之言也。以尚书之邃于经学，岂不知此义，而顾分经学至十一科者，则以既别经学于文学，则经学科大学中之各科，未免较他科大学相形见少故也。今若合经学科于文学科大学中，则此科为文学科大学之一科，自不必分之至析。夫我国自西汉博士既废以后，所谓经师，无不博综群经者。国朝诸老亦然。且大学者，虽为国家最高之专门学校，然所授者，亦不过专门中之普通学与以毕生研究之预备而已。故今日所最亟者，在授世界最进步之学问之大略，使知研究之方法。至于研究专门中之专门，则又毕生之事业，而不能不俟诸卒业以后也。

三、地理学科不必设也。文学科大学中之有地理科，斯最可异者已。夫今日之世界，人迹所不到之地殆少，故自地理学之材料上言之，殆无可云进步矣。其尚可研究之方面，则在地文、地质二学。然此二学之性质属于格致科，而不属于文学科。今格致科大学中既有地质科矣，则地理学之事可附于此科中研究之，若别置一科，不免有重复之弊矣。

由余之意，则可合经学科大学于文学科大学中，而定文学科大学之各科为五：一、经学科；二、理学科；三、史学科；四、中国文学科；五、外国文学科（此科可先置英、德、法三国，以后再及各国）。而定各科所当授之科目如左：

一、经学科科目：（一）哲学概论；（二）中国哲学史；（三）西洋哲学史；（四）心理学；（五）伦理学；（六）名学；（七）美学；（八）社会学；（九）教育学；（十）外国文。

二、理学科科目：（一）哲学概论；（二）中国哲学史；（三）印度哲学史；（四）西洋哲学史；（五）心理学；（六）伦理学；（七）名学；（八）美学；（九）社会学；（十）教育学；（十一）外国文。

三、史学科科目：（一）中国史；（二）东洋史；（三）西洋史；（四）哲学概论；（五）历史哲学；（六）年代学；（七）比较言语学；（八）比较神话学；（九）社会学；（十）人类学；（十一）教育学；（十二）外国文。

四、中国文学科科目：（一）哲学概论；（二）中国哲学史；（三）西洋哲学史；（四）中国文学史；（五）西洋文学史；（六）心理学；（七）名学；（八）美学；（九）中国史；（十）教育学；（十一）外国文。

五、外国文学科科目：（一）哲学概论；（二）中国哲学史；（三）西洋哲学史；（四）中国文学史；（五）西洋文学史；（六）□国文学史；（七）心理学；（八）名学；（九）美学；（十）教育学；（十一）外国文。

论小学校唱歌科之材料①

今日教育上有一可喜之现象，则音乐研究之勃兴是也。二三年来，学校唱歌集之出版者，以数十计。大都会之小学校，亦往往设唱歌一科。至夏期音乐研究会等，时有所闻焉。然就唱歌集之材料观之，则吾人不能不谓提倡音乐研究。音乐者之大半，于此科之价值，实尚未尽晓也。

夫音乐之形而上学的意义（如古代希腊毕达哥拉斯及近世叔本华之音乐说）姑不具论，但就小学校所以设此科之本意言之，则：（一）调和其感情；（二）陶冶其意志；（三）练习其聪明官及发声器是也。（一）与（三）为唱歌科自己之事业，而（二）则为修身科与唱歌科公共之事业。故唱歌科之目的，自以前者为重；即就后者言之，则唱歌科之补助修身科，亦在形式而不在内容（歌词）。虽有声无词之音乐，自有陶冶品性，使之高尚和平之力，固不必用修身科之材料为唱歌科之材料也。故选择歌词之标准，宁从前者而不从后者。若徒以干燥、拙劣之辞，述道德上之教训，恐第二目的未达，而已失其第一之目的矣。欲达第一目的，则于声音之美外，自当益以歌词之美。而就歌词之美言之，则今日作者之自制曲，其

---

①此文作于1907年，收入《静庵文集续编》。

不如古人之名作，审矣。或谓古人之名作，不必合于小学教育之目
的与程度，然古诗中之咏自然之美及古迹者，亦正不乏此等材料。
以有具体的性质，而可以呈于儿童之直观故，故较之道德上抽象之
教训，反为易解，且可与历史、地理及理科中之材料相联络。而其
对修身科之联络，则宁与体操科等。盖一在养其感情，一在强其意
志，其关系乃普遍关系，而不关于材质之意义也。循此标准，则唱
歌科庶不致为修身科之奴隶，而得保其独立之位置欤？

论哲学家与美术家之天职[①]

天下有最神圣、最尊贵而无与于当世之用者，哲学与美术是已。天下之人嚣然谓之曰"无用"，无损于哲学、美术之价值也。至为此学者自忘其神圣之位置，而求以合当世之用，于是二者之价值失。夫哲学与美术之所志者，真理也。真理者，天下万世之真理，而非一时之真理也。其有发明此真理（哲学家），或以记号表之（美术）者，天下万世之功绩，而非一时之功绩也。惟其为天下万世之真理，故不能尽与一时一国之利益合，且有时不能相容，此即其神圣之所存也。且夫世之所谓有用者，孰有过于政治家及实业家者乎？

世人喜言功用，吾姑以其功用言之。夫人之所以异于禽兽者，岂不以其有纯粹之知识与微妙之感情哉？至于生活之欲，人与禽兽无以或异。后者政治家及实业家之所供给，前者之慰藉满足，非求诸哲学及美术不可。就其所贡献于人之事业言之，其性质之贵贱，固以殊矣。至就其功效之所及言之，则哲学家与美术家之事业，虽千载以下，四海以外，苟其所发明之真理，与其所表之之记号之尚存，则人类之知识感情由此而得其满足慰藉者，曾无以异于昔。而

---

① 此文作于1905年，收入《静庵文集》。

政治家及实业家之事业，其及于五世十世者希矣。此又久暂之别也。然则人而无所贡献于哲学、美术，斯亦已耳，苟为真正之哲学家、美术家，又何慊乎政治家哉。

披我中国之哲学史，凡哲学家无不欲兼为政治家者，斯可异已！孔子大政治家也，墨子大政治家也，孟、荀二子皆抱政治上之大志者也。汉之贾、董，宋之张、程、朱、陆，明之罗、王无不然。岂独哲学家而已，诗人亦然。"自谓颇腾达，立登要路津。致君尧舜上，再使风俗淳。"非杜子美之抱负乎？"胡不上书自荐达，坐令四海如虞唐。"非韩退之之忠告乎？"寂寞已甘千古笑，驰驱犹望两河平。"非陆务观之悲愤乎？如此者，世谓之大诗人矣！至诗人之无此抱负者，与夫小说、戏曲、图画、音乐诸家，皆以侏儒、倡优自处，世亦以侏儒、倡优畜之。所谓"诗外尚有事在""一命为文人，便无足观"，我国人之金科玉律也。呜呼！美术之无独立之价值也久矣。此无怪历代诗人，多托于忠君爱国、劝善惩恶之意，以自解免，而纯粹美术上之著述，往往受世之迫害而无人为之昭雪者也。此亦我国哲学美术不发达之一原因也。

夫然，故我国无纯粹之哲学，其最完备者，惟道德哲学与政治哲学耳。至于周、秦、两宋间之形而上学，不过欲固道德哲学之根柢，其对形而上学非有固有之兴味也。其于形而上学且然，况乎美学、名学、知识论等冷淡不急之问题哉！更转而观诗歌之方面，则咏史、怀古、感事、赠人之题目弥满充塞于诗界，而抒情叙事之作什佰不能得一。其有美术上之价值者，仅其写自然之美之一方面耳。甚至戏曲、小说之纯文学，亦往往以惩劝为旨，其有纯粹美术上之目的者，世非惟不知贵，且加贬焉。于哲学则如彼，于美术则如此，岂独世人不具眼之罪哉，抑亦哲学家、美术家自忘其神圣之位置与独立之价值，而蕙然以听命于众故也。

　　至我国哲学家及诗人所以多政治上之抱负者，抑又有说。夫势力之欲，人之所生而即具者，圣贤豪杰之所不能免也。而知力愈优者，其势力之欲也愈盛。人之对哲学及美术而有兴味者，必其知力之优者也？故其势力之欲亦准之。今纯粹之哲学与纯粹之美术，既不能得势力于我国之思想界矣，则彼等势力之欲，不于政治，将于何求其满足之地乎？且政治上之势力，有形的也，及身的也；而哲学、美术上之势力，无形的也，身后的也。故非旷世之豪杰，鲜有不为一时之势力所诱惑者矣。虽然，无亦其对哲学、美术之趣味有未深，而于其价值有未自觉者乎？今夫人积年月之研究，而一旦豁然悟宇宙人生之真理，或以胸中惝怳不可捉摸之意境，一旦表诸文字、绘画、雕刻之上，此固彼天赋之能力之发展，而此时之快乐，决非南面王之所能易者也。且此宇宙人生而尚如故，则其所发明所表示之宇宙人生之真理之势力与价值，必仍如故。之二者，所以酬哲学家、美术家者固已多矣。若夫忘哲学、美术之神圣，而以为道德、政治之手段者，正使其著作无价值者也。愿今后之哲学、美术家，毋忘其天职，而失其独立之位置，则幸矣！

去毒篇①

（鸦片烟之根本治疗法及将来教育上之注意）

    人之谨疾也，必审夫疾之所由起。起居之不时，饮食之无节、佚于嗜欲而啬于运动，此数者，致病之大源也。不治其源，而俟其病而谨之，虽旋病旋愈，未为善卫生也。医之治疾也亦然。不告以摄生之道，而惟标之是治，虽百试百效，未为良医也。此不独个人身体上之疾病然也，国民之精神上之疾病，其治之之道亦无异于是也。

    今试问中国之国民，曷为而独为鸦片的国民乎？夫中国之衰弱极矣，然就国民之资格言之，固无以劣于他国民。谓知识之缺乏欤？则受新教育而罹此癖者，吾见亦伙矣。谓道德之腐败欤？则有此癖者不尽恶人，而他国民之道德，亦未必大胜于我国也。要之，此事虽非与知识道德绝不相关系，然其最终之原因，则由于国民之无希望，无慰藉。一言以蔽之：其原因存于感情上而已。

    人之有生，以欲望生也。欲望之将达也，有希望之快乐；不得达，则有失望之苦痛。然欲望之能达者一，而不能达者什佰，故人生之苦痛亦多矣。若胸中偶然无一欲望，则又有空虚之感乘之。此空虚之感，尤人生所难堪，人所以图种种遣日之方法者，无非欲祛

---

    ①此文作于1906年，收入《静庵文集续编》。

此感而已。彼鸦片者，固遣日之一方法，而我国民幸而于数百年前发见之，则其鹜而趋之固不足怪，顾独我国民之笃嗜之也，其故如何？

古人之疾，饮酒、田猎；今人之疾，鸦片、赌博。西人之疾在酒，中人之疾鸦片。前者阳疾，后者阴疾也；前者少壮的疾病，后者老耄的疾病也；前者强国的疾病，后者亡国的疾病也；前者欲望的疾病，后者空虚的疾病也。然则我国民今日之有此疾病也何故？吾人进而求其原因，则自国家之方面言之，必其政治之不修也，教育之不普及也；自国民之方面言之，必其苦痛及空虚之感深于他国民，而除鸦片外别无所以慰藉之之术也。此二者中，后者尤其最要之原因。苟不去此原因，则虽尽焚二十一省之罂粟种，严杜印度、南洋之输入品，吾知我国民必求所以代鸦片之物，而其害与鸦片无以异，则固可决也。

故禁鸦片之根本之道，除修明政治、大兴教育，以养成国民之知识及道德外，尤不可不于国民之感情加之意焉。其道安在？则宗教与美术二者是。前者适于下流社会，后者适于上等社会；前者所以鼓国民之希望，后者所以供国民之慰藉。兹二者，尤我国今日所最缺乏，亦其所最需要者也。

宗教之说，今世士大夫所斥为迷信者也。自知识上言之，则神之存在、灵魂之不灭，固无人得而证之，然亦不能证其反对之说。何则？以此等问题超乎吾人之知识外故也。今不必问其知识上之价值如何，而其对感情之效则有可言焉。今夫蚩蚩之氓，终岁勤动，与牛马均劳逸，以其血汗易其衣食，犹不免于冻馁。人世之快乐，终其身无斯须之分，百年之后，奄归土壤。自彼观之，则彼之生活果有何意义乎！而幸而有宗教家者，教之以上帝之存在、灵魂之不灭，使知暗黑局促之生活外，尚有光明永久之生活；而在此生活中，无论知愚、贫富、王公、编氓，一切平等，而皆处同一之地位，享同一之快乐；今世之事业，不过求其足以当此生活而不愧而已。此说之对富贵者之效如何，吾不敢知；然其对劳苦无告之民，其易听受也必矣。彼于是偿现世之失望以来世之希望，慰此岸之苦痛以彼岸之快乐。宗教之所以不可废者，以此故也。人苟无此希望，无此慰藉，则于劳苦之暇、厌倦之余，不归于鸦片而又奚归乎？余非不知今日之佛教已达腐败之极点，而基督教之一部且以扩充势力、干涉政治为事，然苟有本其教主度世之本意，而能造国民之希望与慰藉者，则其贡献于国民之功绩，虽吾侪之不信宗教者，亦固宜尸祝而社稷之者也。

吾人之奖励宗教，为下流社会言之，此由其性质及位置上有不得不如是者。何则？国家固不能令人人受高等之教育，即令能之，其如国民之智力不尽适何？若夫上流社会，则其知识既广，其希望亦较多，故宗教之对彼，其势力不能如对下流社会之大。而彼等之慰藉，不得不求诸美术。美术者，上流社会之宗教也。彼等苦痛之感，无以异于下流社会，而空虚之感则又过之。此等感情上之疾病，固非干燥的科学与严肃的道德之所能疗也。感情上之疾病，非以感情治之不可。必使其闲暇之时心有所寄，而后能得以自遣。夫人之心力，不寄于此则寄于彼；不寄于高尚之嗜好，则卑劣之嗜好所不能免矣。而雕刻、绘画、音乐、文学等，彼等果有解之之能力，则所以慰藉彼者，世固无以过之。何则？吾人对宗教之兴味存于未来，而对美术之兴味存于现在。故宗教之慰藉，理想的；而美术之慰藉，现实的也。而美术之慰藉中，尤以文学为尤大。何则？雕刻、图画等，其物既不易得，而好之之误，则留意于物之弊，固所不能免也。若文学者，则求之书籍而已，无不足其普遍便利，决非他美术所能及也。故此后中学校以上，宜大用力于古典一科。虽美术上之天才，不能由此养成之，然使有解文学之能力、爱文学之嗜好，则其所以慰空虚之苦痛，而防卑劣之嗜好者，其益固已多矣。此言教育者所不可不大注意者也。

以上所述，不过就大略言之，非谓上流社会不能有宗教上之信仰，下等社会不许有美术之嗜好也。鸦片之根本治疗法，不出于此二者。若不留意于此，而惟禁之之务，则虽以完全之警察、严酷之刑罚随其后，亦必归于无效；就令有效，不过横溢而为他嗜好而已耳。防民之口，甚于防川，况民之感情乎！今政府有禁鸦片之议，而民间亦渐有自知戒绝者，特不就根本上下手，则恐如庸医之治标，终无勿药之一日。故略抒所见，为社会告焉。

人间嗜好之研究[①]

　　活动之不能以须臾息者，其惟人心乎。夫人心，本以活动为生活者也。心得其活动之地，则感一种之快乐；反是，则感一种之苦痛。此种苦痛，非积极的苦痛，而消极的苦痛也。易言以明之，即空虚的苦痛也。空虚的苦痛，比积极的苦痛尤为人所难堪。何则？积极的苦痛，犹为心之活动之一种，故亦含快乐之原质，而空虚的苦痛，则并此原质而无之故也。人与其无生也，不如恶生；与其不活动也，不如恶活动。此生理学及心理学上之二大原理，不可诬也。人欲医此苦痛，于是用种种之方法，在西人名之曰"To kill time"，而在我中国，则名之曰"消遣"。其用语之确当，均无以易，一切嗜好由此起也。

　　然人心之活动亦伙矣。食色之欲，所以保存个人及其种姓之生活者，实存于人心之根柢，而时时要求其满足。然满足此欲，固非易易也。于是或劳心，或劳力，戚戚睊睊，以求其生活之道。如此者，吾人谓之曰"工作"。工作之为一种积极的苦痛，吾人之所经验也。且人固不能终日从事于工作，岁有闲月，月有闲日，日有闲时。殊如生活之道，不苦者。其工作愈简，其闲暇愈多，此时虽乏

────────────

[①] 此文作于1907年，收入《静庵文集续编》。

积极的苦痛，然以空虚之消极的苦痛代之，故苟足以供其心之活动者，虽无益于生活之事业，亦骛而趋之。如此者，吾人谓之曰"嗜好"。虽嗜好之高尚卑劣万有不齐，然其所以慰空虚之苦痛而与人心以活动者，其揆一也。

嗜好之为物，本所以医空虚的苦痛者，故皆与生活无直接之关系。然若谓其与生活之欲无关系，则甚不然者也。人类之于生活，既竞争而得胜矣，于是此根本之欲复变而为势力之欲，而务使其物质上与精神上之生活超于他人之生活之上。此势力之欲，即谓之生活之欲之苗裔，无不可也。人之一生，惟由此二欲以策其知力及体力，而使之活动。其直接为生活故而活动时，谓之曰"工作"，或其势力有余，而惟为活动故而活动时，谓之曰"嗜好"。故嗜好之为物，虽非表直接之势力，亦必为势力之小影，或足以遂其势力之欲者，始足以动人心，而医其空虚的苦痛。不然，欲其嗜之也，难矣。今吾人当进而研究种种之嗜好，且示其与生活及势力之欲之关系焉。

嗜好中之烟酒二者，其令人心休息之方面多，而活动之方面少。易言以明之，此二者之效，宁在医积极的苦痛，而不在医消极的苦痛。又此二者，于心理上之结果外，兼有生理上之结果，而吾人对此二者之经验亦甚少，故不具论。今先论博弈。夫人生者，竞争之生活也。苟吾人竞争之势力无所施于实际，或实际上既竞争而胜矣，则其剩余之势力，仍不能不求发泄之地。博弈之事，正于抽象上表出竞争之世界，而使吾人于此满足其势力之欲者也。且博弈以但表普遍的、抽象的竞争，而不表所竞争者之为某物（故为金钱而睹博者，不在此例）。故吾人竞争之本能，遂于此以无嫌疑、无忌惮之态度发表之，于是得窥人类极端之利己主义。至实际之人生中，人类之竞争虽无异于博弈，然能如是之磊磊落落者，鲜矣。且博与弈之性质亦自有辨，此二者虽皆世界竞争之小影，而博又为运命之小影。人以执著于生活故，故其知力常明于无望之福，而暗于无望之祸。而于赌博之中，此无望之福时时有可能性，在以博之胜负，人力与运命二者决之；而弈之胜负，则全由人力决之故也。又但就人力言，则博者，悟性上之竞争；而弈者，理性上之竞争也。长于悟性者，其嗜博也甚于弈；长于理性者，其嗜弈也愈于博。嗜博者之性格，机警也，脆弱也，依赖也；嗜弈者之性格，谨慎也，坚忍也，独立也。譬之治生，前者如朱公居陶，居与时逐；后者如任氏之折节为俭，尽力田畜，亦致千金。人亦各随其性之所近，而欲于竞争之中，发见其势力之优胜之快乐耳。吾人对博弈之嗜好，殆非此无以解释之也。

若夫宫室、车马、衣服之嗜好，其适用之部分，属于生活之欲，而其妆饰之部分，则属于势力之欲。驰骋、田猎、跳舞之嗜好，亦此势力之欲之所发表也。常人之对书画、古物也亦然。彼之爱书籍，非必爱其所含之真理也；爱书画古玩，非必爱其形式之优美古雅也。以多相炫，以精相炫，以物之稀而难得也相炫。读书者亦然，以博相炫。一言以蔽之，炫其势力之胜于他人而已矣。常人对戏剧之嗜好，亦由势力之欲出。先以喜剧（即滑稽剧）言之，夫能笑人者，必其势力强于被笑者也。故笑者，实吾人一种势力之发表。然人于实际之生活中，虽遇可笑之事，然非其人为我所素狎者，或其位置远在吾人之下者，则不敢笑。独于滑稽剧中，以其非事实故，不独使人能笑，而且使人敢笑，此即对喜剧之快乐之所存也。悲剧亦然。霍兰士曰："人生者，自观之者言之，则为一喜剧；自感之者言之，则又为一悲剧也。"自吾人思之，则人生之运命，固无以异于悲剧；然人当演此悲剧时，亦俯首杜口，或故示整暇，汶汶而过耳。欲如悲剧中之主人公，且演且歌，以诉其胸中之苦痛者，又谁听之而谁怜之乎？夫悲剧中之人物之无势力之可言，固不待论。然敢鸣其苦痛者与不敢鸣其痛苦者之间，其势力之大小，必有辨矣。夫人生中固无独语之事，而戏曲则以许独语故，故人生中久压抑之势力，独于其中筐倾而箧倒之。故虽不解美术上之趣味者，亦于此中得一种势力之快乐。普通之人之对戏曲之嗜好，亦非此不足以解释之矣。

若夫最高尚之嗜好，如文学、美术，亦不外势力之欲之发表。希尔列尔既谓儿童之游戏存于用剩余之势力矣，文学、美术亦不过成人之精神的游戏。故其渊源之存于剩余之势力，无可疑也。且吾人内界之思想感情，平时不能语诸人或不能以庄语表之者，于文学中以无人与我一定之关系故，故得倾倒而出之。易言以明之，吾人之势力所不能于实际表出者，得以游戏表出之是也。若夫真正之大诗人，则又以人类之感情为其一己之感情。彼其势力充实，不可以已，遂不以发表自己之感情为满足，更进而欲发表人类全体之感情。彼之著作，实为人类全体之喉舌，而读者于此得闻其悲欢啼笑之声，遂觉自己之势力亦为之发扬而不能自已。故自文学言之，创作与赏鉴之二方面亦皆以此势力之欲为之根柢也。文学既然，他美术何独不然？岂独美术而已，哲学与科学亦然。柏庚有言曰："知识即势力也。"则一切知识之欲，虽谓之即势力之欲，亦无不可。彼等以其势力卓越于常人故，故不满足于现在之势力，而欲得永远之势力。虽其所用以得势力之手段不同，然其目的固无以异。夫然，始足以活动人心而医其空虚的苦痛。以人心之根柢实为一生活之欲，若势力之欲故苟不足以遂其生活或势力者，决不能使之活动。以是观之，则一切嗜好虽有高卑优劣之差，固无非势力之欲之所为也。

然余之为此论，固非使文学美术之价值下齐于博弈也。不过自心理学言之，则此数者之根柢皆存于势力之欲，而其作用皆在使人心活动，以疗其空虚之苦痛。以此所论者，乃事实之问题，而非价值之问题故也。若欲抑制卑劣之嗜好，不可不易之以高尚之嗜好，不然，则必有溃决之一日。此又从人心活动之原理出，有教育之责，及欲教育自己者，不可不知所注意焉。

古雅之在美学上之位置①

"美术者天才之制作也"，此自汗德以来百余年间学者之定论也。然天下之物，有决非真正之美术品，而又决非利用品者。又其制作之人，决非必为天才，而吾人之视之也，若与天才所制作之美术无异者。无以名之，名之曰"古雅"。

欲知古雅之性质，不可不知美之普遍之性质。美之性质，一言以蔽之曰：可爱玩而不可利用者是已。虽物之美者，有时亦足供吾人之利用，但人之视为美时，决不计及其可利用之点。其性质如是，故其价值亦存于美之自身，而不存乎其外。而美学上之区别美也，大率分为二种：曰优美，曰宏壮。自巴克及汗德之书出，学者殆视此为精密之分类矣。至古今学者对优美及宏壮之解释，各由其哲学系统之差别而各不同。要而言之，则前者由一对象之形式不关于吾人之利害，遂使吾人忘利害之念，而以精神之全力沉浸于此对象之形式中。自然及艺术中普通之美，皆此类也。后者则由一对象之形式，越乎吾人知力所能驭之范围，或其形式大不利于吾人，而又觉其非人力所能抗，于是吾人保存自己之本能，遂超越乎利害之观念外，而达观其对象之形式，如自然

---

① 此文作于1907年，收入《静庵文集续编》。

中之高山大川、烈风雷雨，艺术中伟大之宫室、悲惨之雕刻象、历史画、戏曲、小说等皆是也。此二者，其可爱玩而不可利用也同，若夫所谓古雅者则何如？

一切之美，皆形式之美也。就美之自身言之，则一切优美皆存于形式之对称变化及调和。至宏壮之对象，汗德虽谓之无形式，然以此种无形式之形式能唤起宏壮之情，故谓之形式之一种，无不可也。就美术之种类言之，则建筑雕刻音乐之美之存于形式固不俟论，即图画诗歌之美之兼存于材质之意义者，亦以此等材质适于唤起美情故，故亦得视为一种之形式焉。释迦与马利亚庄严圆满之相，吾人亦得离其材质之意义，而感无限之快乐，生无限之钦仰。戏曲小说之主人翁及其境遇，对文章之方面言之，则为材质；然对吾人之感情言之，则此等材质又为唤起美情之最适之形式。故除吾人之感情外，凡属于美之对象者，皆形式而非材质也。而一切形式之美，又不可无他形式以表之，惟经过此第二之形式，斯美者愈增其美，而吾人之所谓古雅，即此第二种之形式。即形式之无优美与宏壮之属性者，亦因此第二形式故，而得一种独立之价值，故古雅者，可谓之形式之美之形式之美也。

夫然故古雅之致存于艺术而不存于自然。以自然但经过第一形式，而艺术则必就自然中固有之某形式，或所自创造之新形式，而以第二形式表出之。即同一形式也，其表之也各不同。同一曲也，而奏之者各异；同一雕刻绘画也，而真本与摹本大殊；诗歌亦然。"夜阑更秉烛，相对如梦寐"（杜甫《羌村诗》），之于"今宵剩把银钅工照，犹恐相逢是梦中"（晏几道《鹧鸪天》词），"愿言思伯，甘心首疾"（《诗·卫风·伯兮》），之于"衣带渐宽终不悔，为伊消得人憔悴"（欧阳修《蝶恋花》词），其第一形式同。而前者温厚，后者刻露者，其第二形式异也。一切艺术无不皆然，于是有所谓雅俗之区别起。优美及宏壮必与古雅合，然后得显其固有之价值。不过优美及宏壮之原质愈显，则古雅之原质愈蔽。然吾人所以感如此之美且壮者，实以表出之之雅故，即以其美之第一形式，更以雅之第二形式表出之故也。

虽第一形式之本不美者，得由其第二形式之美雅，而得一种独立之价值。茅茨土阶与夫自然中寻常琐屑之景物，以吾人之肉眼观之，举无足与于优美若宏壮之数，然一经艺术家（若绘画，若诗歌）之手，而遂觉有不可言之趣味。此等趣味，不自第一形式得之，而自第二形式得之无疑也。绘画中之布置，属于第一形式，而使笔使墨，则属于第二形式。凡以笔墨见赏于吾人者，实赏其第二形式也。此以低度之美术（如法书等）为尤甚。三代之钟鼎，秦汉之摹印，汉、魏、六朝、唐、宋之碑帖，宋、元之书籍等，其美之大部，实存于第二形式。吾人爱石刻不如爱真迹，又其于石刻中爱翻刻不如爱原刻，亦以此也。凡吾人所加于雕刻书画之品评，曰"神"、曰"韵"、曰"气"、曰"味"，皆就第二形式言之者多，而就第一形式言之者少。文学亦然，古雅之价值大抵存于第二形式。西汉之匡、刘，东京之崔、蔡，其文之优美宏壮，远在贾、马、班、张之下，而吾人之嗜之也亦无逊于彼者，以雅故也。南丰之于文，不必工于苏、王，姜夔之于词，且远逊于欧、秦，而后人亦嗜之者，以雅故也。由是观之，则古雅之原质，为优美及宏壮中不可缺之原质，且得离优美宏壮而有独立之价值，则固一不可诬之事实也。

然古雅之性质，有与优美及宏壮异者。古雅之但存于艺术而不存于自然，既如上文所论矣，至判断古雅之力亦与判断优美及宏壮之力不同。后者先天的，前者后天的、经验的也。优美及宏壮之判断之为先天的判断，自汗德之《判断力批评》后，殆无反对之者。此等判断既为先天的，故亦普遍的、必然的也。易言以明之，即一艺术家所视为美者，一切艺术家亦必视为美。此汗德所以于其美学中，预想一公共之感官者也。若古雅之判断则不然，由时之不同而人之判断之也各异。吾人所断为古雅者，实由吾人今日之位置断之。古代之遗物无不雅于近世之制作，古代之文学虽至拙劣，自吾人读之无不古雅者，若自古人之眼观之，殆不然矣。故古雅之判断，后天的也，经验的也，故亦特别的也，偶然的也。此由古代表出第一形式之道与近世大异，故吾人睹其遗迹，不觉有遗世之感随之，然在当日，则不能若优美及宏壮，则固无此时间上之限制也。

　　古雅之性质既不存于自然，而其判断亦但由于经验，于是艺术中古雅之部分，不必尽俟天才，而亦得以人力致之。苟其人格诚高，学问诚博，则虽无艺术上之天才者，其制作亦不失为古雅。而其观艺术也，虽不能喻其优美及宏壮之部分，犹能喻其古雅之部分。若夫优美及宏壮，则非天才殆不能捕攫之而表出之。今古第三流以下之艺术家，大抵能雅而不能美且壮者，职是故也。以绘画论，则有若国朝之王翚，彼固无艺术上之天才，但以用力甚深之故，故摹古则优而自运则劣，则岂不以其舍其所长之古雅，而欲以优美宏壮与人争胜也哉。以文学论，则除前所述匡、刘诸人外，若宋之山谷，明之青邱、历下，国朝之新城等，其去文学上之天才盖远，徒以有文学上之修养故，其所作遂带一种典雅之性质。而后之无艺术上之天才者亦以其典雅故，遂与第一流之文学家等类而观之，然其制作之负于天分者十之二三，而负于人力者十之七八，则固不难分析而得之也。又虽真正之天才，其制作非必皆神来兴到之作也。以文学论，则虽最优美最宏壮之文学中，往往书有陪衬之篇，篇有陪衬之章，章有陪衬之句，句有陪衬之字。一切艺术，莫不如是。此等神兴枯涸之处，非以古雅弥缝之不可。而此等古雅之部分，又非藉修养之力不可。若优美与宏壮，则固非修养之所能为力也。

然则古雅之价值，遂远出优美及宏壮下乎？曰：不然。可爱玩而不可利用者，一切美术品之公性也。优美与宏壮然，古雅亦然。而以吾人之玩其物也，无关于利用故，遂使吾人超出乎利害之范围外，而惝恍于缥缈宁静之域。优美之形式，使人心和平；古雅之形式，使人心休息，故亦可谓之低度之优美。宏壮之形式常以不可抵抗之势力唤起人钦仰之情，古雅之形式则以不习于世俗之耳目故，而唤起一种之惊讶。惊讶者，钦仰之情之初步，故虽谓古雅为低度之宏壮，亦无不可也。故古雅之位置，可谓在优美与宏壮之间，而兼有此二者之性质也。至论其实践之方面，则以古雅之能力，能由修养得之，故可为美育普及之津梁。虽中智以下之人，不能创造优美及宏壮之物者，亦得由修养而有古雅之创造力；又虽不能喻优美及宏壮之价值者，亦得于优美宏壮中之古雅之原质，或于古雅之制作物中得其直接之慰藉。故古雅之价值，自美学上观之，诚不能及优美及宏壮，然自其教育众庶之效言之，则虽谓其范围较大成效较著可也。因美学上尚未有专论古雅者，故略述其性质及位置如右。篇首之疑问，庶得由是而说明之欤？

《中国名画集》序①

绘画之事，由来古矣。六书之字，作始于象形；五服之章，辉煌于作会。楚壁神灵，发累臣之问；宋舍众史，受元君之图。汉代黄门，亦有画者，殷纣踞妲己之图，周公负成王之象，遂乃悬诸别殿，颁之重臣。魏晋以还，盛图故事；齐梁以降，兼写佛象。爰自开天之际，实分南北之宗。王中允之清华，李将军之刻画，人物告退，而山水方滋。下至韩马、戴牛、张松、薛鹤，一物之工，兹焉托始。荆、关崛起，董、巨代兴。天水一朝，士夫工于画苑；有元四杰，气韵溢乎典型。胜国兴朝，代有作者，莫不家抱钟山之璧，人握赤水之珠，变化拟于鬼神，矩矱通于造化。陈之列肆，非徒照乘之光；闳之巾箱，恒有冲天之气。

今夫成而必亏者，时也；往而不复者，器也。江陵末造，见玉轴之扬灰；宣和旧藏，与降幡而北去。文武之道既尽，昆明之劫方多。即或脱坠简于秦余，逸焦桐于爨下。然且天吴紫凤，圻为牧竖之衣；长康探微，辱于酒家之壁。同糅玉石，终委泥涂。又或幸遭收藏，并遭著录，而兰亭茧纸，永闳昭陵；争坐遗文，竟分安氏。

---

① 此序作于1908年，《王国维遗书》失收，手稿今藏北京图书馆。见陈杏珍、刘烜《王国维〈中国名画集序〉注释》，载《中国文艺思想史论丛（一）》。

中郎帐中之帙，仅与王朗同观；博士壁中之书，不许晁生转写。此则叔疑之登龙断，众议其私；阳虎之窃大弓，当书为盗者矣。

平等阁主人英英如云，醰醰好古，慨横流之颍洞，惧名迹之榛芜。是用尽发旧藏，并征百氏。琳琅辐凑，吴越好事之家；摹写精能，欧美发明之术。八万四千之宝塔，成于崇朝；什一千百之菁英，珍兹片羽。冀以永留名墨，广被人间。

懿此一举有三美焉。夫学须才也，才须学。是以右相丹青，坐卧僧繇之侧；率更翰墨，徘徊索靖之傍。近世画师，罕窥真迹，见华亭而求北苑，执娄水以觅大痴，既摹仿之不知，于创作乎何有？今则摹从手迹，集自名家，裨我后生，殆之高矩。其美一也。且夫张而必弛者，文武之道；劳而求息者，含生之情。然走狗斗鸡，颇乖大雅；弹棋博簺，易入机心。若夫象在而遗其形，心生而无所住，则岂有对曹霸、韩干（之马）[1]，而计驰骋之乐；见毕宏、韦偃之松，而思栋梁之用？会心之处不远，鄙吝之情聿销，诚遣日之良方，亦息肩之胜地。其美二也。三代损益，文质殊尚；五方悬隔，嗜好不同。或以优美、宏壮为宗；或以古雅、简易为尚。我国绘事自为一宗，绘影绘声则有所短，一邱一壑则有所长。凡厥反唇，胥由韫椟。今则假以印刷，广彼流传。贾舶东来，慧光西被。不使蜻蜓岛国，独辉日出之光；罗马故国，专称美日之国。其美三也。

小有搜罗，粗谙鉴别，睹兹盛举，颇发幽情。索我弁言，贻君小引。冀夫笔精墨妙，随江汉而长流；玉躞金题，与昆仑而永固。八月。

---

[1] 据下文，此或应补"之马"两字。

此君轩记①

　　竹之为物，草木中之有特操者与？群居而不倚，虚中而多节，可折而不可曲，凌寒暑而不渝其色。至于烟晨雨夕，枝捎空而叶成滴，含风弄月，形态百变。自渭川淇澳千亩之园，以至小庭幽榭三竿两竿，皆使人观之。其胸廓然而高，渊然而深，泠然而清。挹之而无穷，玩之而不可亵也。其超世之致，与不可屈之节，与君子为近，是以君子取焉。古之君子，其为道也盖不同，而其所以同者，则在超世之致，与不可屈之节而已。其观物也，见夫类是者而乐焉；其创物也，达夫如是者而后慊焉。如屈子之于香草，渊明之于菊，王子猷之于竹，玩赏之不足而咏叹之，咏叹之不足而斯物遂若为斯人之所专有，是岂徒有托而然哉！其于此数者，必有以相契于意言之表也。善画竹者亦然。彼独有见于其原，而直以其胸中潇洒之致，劲直之气一寄之于画，其所写者，即其所观；其所观者，即其所畜者也。物我无间，而道艺为一，与天冥合，而不知其所以然。故古之工画竹者，亦高致直节之士为多。如宋之文与可、苏子瞻，元之吴仲圭是已。观爱竹者之胸，可以知画竹者之胸；知画竹者之胸，则爱画竹者之胸亦可知也已。

　　① 本文作于1912年，收入《观堂集林》。

日本川口国次郎君，冲澹有识度，善绘事，尤爱墨竹。尝集元吴仲圭，明夏仲昭、文徵仲诸家画竹，为室以奉之，名之曰"此君轩"。其嗜之也至笃，而搜之也至专，非其志节意度符于古君子，亦安能有契于是哉！吾闻川口君之居，在备后之国，三原之城，山海环抱，松竹之所丛生。君优游其间，远眺林木，近观图画，必有有味于余之言者。既属余为轩记，因书以质之，惜不获从君于其间，而日与仲圭、徵仲诸贤游，且与此君游也。壬子九月。

墨妙亭记[①]

　　昔宋孙莘老守湖州，尝集郡内自汉以来古文遗刻，为墨妙亭于府第之北，而东坡先生为之记。元乐善居士顾信，亦集其师松雪翁之书，刻诸其亭之壁，而名之曰"墨妙"。国朝顾湘舟（沅），又集明代诸贤小像墨迹，多至数百通，复以"墨妙"名其亭，于是兹名凡三用矣。湖郡遗刻，今无片石存者，松雪翁之书；世多有之，而顾氏所刻者尽亡，独湘舟所集古人小像，刻于吴中沧浪亭者，岿然尚存。其墨迹虽更兵燹，然其中烜赫者百余通，今归于日本久野元吉君。君又益以国朝名人墨迹，为亭储之，仍从其旧主人之所以名之者，而属余为之记。

　　昔东坡之记是亭也，假客之言，谓：有物必归于尽，虽金石之坚，俄而变坏。至于功名、文章，其传世垂后，犹为差久。今乃以此托于彼，是久存者反求助于速坏，以此致疑于莘老，而自以知命者，必尽人事释之。今湖州石刻，与亭俱亡，而墨妙亭之名，反藉东坡之文以传，则东坡之言信矣。夫古之有德行、政事、学问、文章者，固不藉金石翰墨以为重。苟非其人，则其金石翰墨虽存，仅足为学者考古之资，其流传之途固已隘，而其入于人心者，固已浅

---

①本文作于1912年，收入《观堂集林》。

矣。若是者，世固亦听其存亡，而反乐取夫德行、政事、学问、文章，其力自足以传后者之金石翰墨而宝之。何者？彼之志节、度量固与世绝殊，故其发于金石翰墨者，不因其人亦足以自存于天壤，况其德行、政事、学问、文章，又足以垂世而行远也。久野君之所储，其人皆足以自传，其发诸翰墨者，亦皆焕乎其有文，渊乎其有味，使人得窥其树立之所以然。与夫载籍之所不能纪，虽所托者无金石之坚，吾知其精神、意度必百世不可摩灭，宜君之构斯亭以奉之也。抑乐善居士所汇刻者，松雪一人之书耳。莘老所集者稍广，亦止吴兴一郡；湘舟之藏，殆网罗有明一代之名迹，而君复以国朝人益之，以两朝人之墨迹，萃于斯亭，君之嗜古，固前无孙、顾。余也不肖，乃从东坡之后为君记斯亭，故略广东坡之意，以为君之所为，非徒尽人事而已。壬子九月。

《红楼梦》评论①

第一章 人生及美术之概观

老子曰：人之大患，在我有身。庄子曰：大块载我以形，劳我以生。忧患与劳苦之与生相对待也久矣。夫生者，人人之所欲；忧患与劳苦者，人人之所恶也。然则讵不人人欲其所恶，而恶其所欲欤？将其所恶者固不能不欲，而其所欲者终非可欲之物欤？人有生矣，则思所以奉其生。饥而欲食，渴而欲饮，寒而欲衣，露处而欲宫室，此皆所以维持一人之生活者也。然一人之生，少则数十年，多则百年而止耳。而吾人欲生之心，必以是为不足。于是于数十年百年之生活外，更进而图永远之生活，时则有牝牡之欲，家室之累；进而育子女矣，则有保抱扶持饮食教诲之责，婚嫁之务。百年之间，早作而夕思，穷老而不知所终，间有出于此保存自己及种姓之生活之外者乎？无有也。百年之后，观吾人之成绩，其有逾于此保存自己及种姓之生活之外者乎？无有也。又人人知侵害自己及种姓之生活者之非一端也，于是相集而成一群，相约束而立一国，择

---

① 本文于1904年连载于《教育世界》杂志第8、9、10、12、13期，次年收入《静庵文集》。

其贤且智者以为之君，为之立法律以治之，建学校以教之，为之警察以防内奸，为之陆海军以御外患，使人人各遂其生活之欲而不相侵害，凡此皆欲生之心之所为也。夫人之于生活也，欲之如此其切也，用力如此其勤也，设计如此其周且至也，固亦有其真可欲者存欤？吾人之忧患劳苦，固亦有所以偿之者欤？则吾人不得不就生活之本质，熟思而审考之也。

生活之本质何？欲而已矣。欲之为性无厌，而其原生于不足。不足之状态，苦痛是也。既偿一欲，则此欲以终。然欲之被偿者一，而不偿者什佰。一欲既终，他欲随之。故究竟之慰藉，终不可得也。即使吾人之欲悉偿，而更无所欲之对象，倦厌之情即起而乘之。于是吾人自己之生活，若负之而不胜其重。故人生者，如钟表之摆，实往复于苦痛与倦厌之间者也。夫倦厌固可视为苦痛之一种。有能除去此二者，吾人谓之曰快乐。然当其求快乐也，吾人于固有之苦痛外，又不得不加以努力，而努力亦苦痛之一也。且快乐之后，其感苦痛也弥深。故苦痛而无回复之快乐者有之矣，未有快乐而不先之或继之以苦痛者也。又此苦痛与世界之文化俱增，而不由之而减。何则？文化愈进，其知识弥广，其所欲弥多，又其感苦痛亦弥甚故也。然则人生之所欲，既无以逾于生活，而生活之性质，又不外乎苦痛，故欲与生活与苦痛，三者一而已矣。

吾人生活之性质既如斯矣，故吾人之知识遂无往而不与生活之欲相关系，即与吾人之利害相关系。就其实而言之，则知识者，固生于此欲，而示此欲以我与外界之关系，使之趋利而避害者也。常人之知识，止知我与物之关系，易言以明之，止知物之与我相关系者，而于此物中，又不过知其与我相关系之部分而已。及人知渐进，于是始欲知此物与我之关系，不可不研究此物与彼物之关系。知愈大者，其研究愈远焉，自是而生各种之科学。如欲知空间之一部之与我相关系者，不可不知空间全体之关系，于是几何学兴焉。（按西洋几何学Geometry之本义，系量地之意，可知古代视为应用之科学，而不视为纯粹之科学也。）欲知力之一部之与我相关系者，不可不知力之全体之关系，于是力学兴焉。吾人既知一物之全体之关系，又如此物与彼物之全体之关系，而立一法则焉以应用之，于是物之现于吾前者，其与我之关系及其与他物之关系粲然陈于目前而无所遁。夫然后吾人得以利用此物，有其利而无其害，以使吾人生活之欲增进于无穷。此科学之功效也。故科学上之成功，虽若层楼杰观，高严巨丽，然其基址则筑乎生活之欲之上，与政治上之系统立于生活之欲之上无以异。然则吾人理论与实际之二方面，皆此生活之欲之结果也。

由是观之，吾人之知识与实践之二方面，无往而不与生活之欲相关系，即与苦痛相关系。兹有一物焉，使吾人超然于利害之外，而忘物与我之关系。此时也，吾人之心无希望，无恐怖，非复欲之我，而但知之我也。此犹积阴弥月，而旭日杲杲也；犹覆舟大海之中，浮沉上下，而飘著于故乡之海岸也；犹阵云惨淡，而插翅之天使，赍平和之福音而来者也；犹鱼之脱于罾网，鸟之自樊笼出，而游于山林江海也。然物之能使吾人超然于利害之外者，必其物之于吾人无利害之关系而后可，易言以明之，必其物非实物而后可。然则非美术何足以当之乎？夫自然界之物，无不与吾人有利害之关系，纵非直接，亦必间接相关系者也。苟吾人而能忘物与我之关系而观物，则夫自然界之山明水媚，鸟飞花落，固无往而非华胥之国，极乐之土也。岂独自然界而已，人类之言语动作，悲欢啼笑，孰非美之对象乎？然此物既与吾人有利害之关系，而吾人欲强离其关系而观之，自非天才，岂易及此？于是天才者出，以其所观于自然人生中者复现之于美术中，而使中智以下之人，亦因其物之与己无关系而超然于利害之外。是故观物无方，因人而变：濠上之鱼，庄、惠之所乐也，而渔父袭之以网罟；舞雩之木，孔、曾之所憩也，而樵者继之以斤斧。若物非有形，心无所住，则虽殉则之夫，贵私之子，宁有对曹霸、韩干之马而计驰骋之乐，见毕宏、韦偃之松而思栋梁之用，求好逑于雅典之偶、思税驾于金字之塔者哉？故美术之为物，欲者不观，观者不欲。而艺术之美所以优于自然之美者，全存于使人易忘物我之关系也。

而美之为物有二种：一曰优美，一曰壮美。苟一物焉，与吾人无利害之关系，而吾人之观之也，不观其关系而但观其物，或吾人之心中无丝毫生活之欲存，而其观物也，不视为与我有关系之物，而但视为外物，则今之所观者，非昔之所观者也。此时吾心宁静之状态，名之曰优美之情，而谓此物曰优美；若此物大不利于吾人，而吾人生活之意志为之破裂，因之意志遁去，而知力得为独立之作用，以深观其物，吾人谓此物曰壮美，而谓其感情曰壮美之情。普通之美，皆属前种。至于地狱变相之图、决斗垂死之像、庐江小吏之诗、雁门尚书之曲，其人固氓庶之所共怜，其遇虽戾夫为之流涕，讵有子颃乐祸之心，宁无尼父反袂之戚，而吾人观之，不厌千复。格代①之诗曰：

"What in life doth only grieve us,
That in art we gladly see."
凡人生中足以使人悲者，于美术中则吾人乐而观之。②

---

① 格代：今译为歌德，下同。
② 此为王国维之译文。

此之谓也。此即所谓壮美之情。而其快乐存于使人忘物我之关系，则固与优美无以异也。

　　至美术中之与二者相反者，名之曰眩惑。夫优美与壮美，皆使吾人离生活之欲，而入于纯粹之知识者。若美术中而有眩惑之原质乎，则又使吾人自纯粹知识出，而复归于生活之欲。如粗粝蜜饵，《招魂》《启》《发》之所陈；玉体横陈，周昉、仇英之所绘；《西厢记》之《酬柬》，《牡丹亭》之《惊梦》；伶元之传飞燕，杨慎之赝《秘辛》：徒讽一而劝百，欲止沸而益薪。所以子云有"靡靡"之诮，法秀有"绮语"之诃。虽则梦幻泡影，可作如是观，而拔舌地狱，专为斯人设者矣。故眩惑之于美，如甘之于辛，火之于水，不相并立者也。吾人欲以眩惑之快乐，医人世之苦痛，是犹欲航断港而至海，入幽谷而求明，岂徒无益，而又增之。则岂不以其不能使人忘生活之欲，及此欲与物之关系，而反鼓舞之也哉！眩惑之与优美及壮美相反对，其故实存于此。

　　今既述人生与美术之概略如左，吾人且持此标准，以观我国之美术。而美术中以诗歌、戏曲、小说为其顶点，以其目的在描写人生故。吾人于是得一绝大著作，曰《红楼梦》。

第二章　《红楼梦》之精神

　　衰伽尔之诗曰：

Ye wise men, highly, deeply learned,

Who think it out and know,

How, when and where do all things pair?

Why do they kiss and love?

Ye men of lofty Wisdom, say

What happened to me then,

Search out and tell me where，how，when,

And why it happened thus.

嗟汝哲人，靡所不知，靡所不学，既深且跻。粲粲生物，罔不匹俦，各齧厥肩，而相厮攸。匪汝哲人，孰知其故？自何时始，来自何处？嗟汝哲人，渊渊其知。相彼百昌，奚而熙熙？愿言哲人，诏余其故。自何时始，来自何处？（译文）

衰伽尔之问题，人人所有之问题，而人人未解决之大问题也。人有恒言，曰饮食男女，人之大欲存焉。然人七日不食则死，一日不再食则饥。若男女之欲，则于一人之生活上，宁有害无利者也，而吾人之欲之也如此，何哉？吾人自少壮以后，其过半之光阴，过半之事业，所计画、所勤动者为何事？汉之成、哀，曷为而丧其生？殷辛、周幽，曷为而亡其国？励精如唐玄宗，英武如后唐庄宗，曷为而不善其终？且人生苟为数十年之生活计，则其维持此生活，亦易易耳，曷为而其忧劳之度，倍蓰而未有已？《记》曰："人不婚宦，情欲失半。"人苟能解此问题，则于人生之知识，思过半矣。而蚩蚩者乃日用而不知，岂不可哀也欤！其自哲学上解此问题者，则二千年间，仅有叔本华之《男女之爱之形而上学》耳。诗歌、小说之描写此事者，通古今东西，殆不能悉数，然能解决之者鲜矣。《红楼梦》一书，非徒提出此问题，又解决之者也。彼于开卷即下男女之爱之神话的解释，其叙此书之主人公贾宝玉之来历曰：

却说女娲氏炼石补天之时，于大荒山无稽崖，炼成高十二丈，见方二十四丈大的顽石三万六千五百零一块。那娲皇只用了三万六千五百块，单单剩下一块未用，弃在青埂峰下。谁知此石自经锻炼之后，灵性已通，自去自来，可大可小。因见众石俱得补天，独自己无才，不得入选，遂自怨自艾，日夜悲哀。（第一回）

此可知生活之欲之先人生而存在，而人生不过此欲之发现也。此可知吾人之堕落，由吾人之所欲而意志自由之罪恶也。夫顽钝者既不幸而为此石矣，又幸而不见用，则何不游于广漠之野、无何有之乡，以自适其适，而必欲入此忧患劳苦之世界，不可谓非此石之大误也。由此一念之误，而遂造出十九年之历史与百二十回之事实，与茫茫大士、渺渺真人何与？又于第百十七回中，述宝玉与和尚之谈论曰：

"弟子请问师父，可是从太虚幻境而来？"那和尚道："什么幻境！不过是来处来，去处去罢了。我是送还你的玉来的。我且问你，你那玉是从那里来的？"宝玉一时对答不来。那和尚笑道："你的来路还不知，便来问我！"宝玉本来颖悟，又经点化，早把红尘看破，只是自己的底里未知，一闻那僧问起玉来，好像当头一棒，便说："你也不用银子了，我把那玉还你罢。"那僧笑道："早该还我了！"

所谓"自己的底里未知"者，未知其生活乃自己之一念之误，而此念之所自造也。及一闻和尚之言，始知此不幸之生活，由自己之所欲，而其拒绝之也，亦不得由自己，是以有还玉之言。所谓玉者，不过生活之欲之代表而已矣。故携入红尘者，非彼二人之所为，顽石自己而已；引登彼岸者，亦非二人之力，顽石自己而已。此岂独宝玉一人然哉？人类之堕落与解脱，亦视其意志而已。而此生活之意志，其于永远之生活，比个人之生活为尤切。易言以明之，则男女之欲，尤强于饮食之欲。何则？前者无尽的，后者有限的也；前者形而上的，后者形而下的也。又如上章所说，生活之于苦痛，二者一而非二，而苦痛之度，与主张生活之欲之度为比例。是故前者之苦痛，尤倍蓰于后者之苦痛。而《红楼梦》一书，实示此生活、此苦痛之由于自造，又示其解脱之道不可不由自己求之者出。

而解脱之道，存于出世而不存于自杀。出世者，拒绝一切生活之欲者也。彼知生活之无所逃于苦痛，而求入于无生之域。当其终也，恒干虽存，固已形如槁木而心如死灰矣。若生活之欲如故，但不满于现在之生活，而求主张之于异日，则死于此者固不得不复生于彼，而苦海之流，又将与生活之欲而无穷。故金钏之堕井也，司棋之触墙也，尤三姐、潘又安之自刎也，非解脱也，求偿其欲而不得者也。彼等之所不欲者，其特别之生活，而对生活之为物，则固欲之而不疑也。故此书中真正之解脱，仅贾宝玉、惜春、紫鹃三人耳。而柳湘莲之入道，有似潘又安；芳官之出家，略同于金钏。故苟有生活之欲存乎，则虽出世而无与于解脱；苟无此欲，则自杀亦未始非解脱之一者也。如鸳鸯之死，彼固有不得已之境遇在。不然，则惜春、紫鹃之事，固亦其所优为者也。

而解脱之中，又自有二种之别：一存于观他人之苦痛，一存于觉自己之苦痛。然前者之解脱，惟非常之人为能，其高百倍于后者，而其难亦百倍。但由其成功观之，则二者一也。通常之人，其解脱由于苦痛之阅历，而不由于苦痛之知识。惟非常之人，由非常之知力，而洞观宇宙人生之本质，始知生活与痛苦之不能相离，由是求绝其生活之欲，而得解脱之道。然于解脱之途中，彼之生活之欲，犹时时起而与之相抗，而生种种之幻影。所谓恶魔者，不过此等幻影之人物化而已矣。故通常之解脱，存于自己之苦痛。彼之生活之欲，因不得其满足而愈烈，又因愈烈而愈不得其满足，如此循环而陷于失望之境遇，遂悟宇宙人生之真相，遽而求其息肩之所。彼全变其气质，而超出乎苦乐之外，举昔之所执著者，一旦而舍之。彼以生活为炉，苦痛为炭，而铸其解脱之鼎。彼以疲于生活之欲故，故其生活之欲，不能复起而为之幻影。此通常之人解脱之状态也。前者之解脱，如惜春、紫鹃；后者之解脱，如宝玉。前者之解脱，超自然的也，神明的也；后者之解脱，自然的也，人类的也。前者之解脱，宗教的；后者美术的也。前者平和的也；后者悲感的也，壮美的也，故文学的也，诗歌的也，小说的也。此《红楼梦》之主人公所以非惜春、紫鹃，而为贾宝玉者也。

　　呜呼！宇宙一生活之欲而已，而此生活之欲之罪过，即以生活之苦痛罚之，此即宇宙之永远的正义也。自犯罪，自加罚，自忏悔，自解脱。美术之务，在描写人生之苦痛与其解脱之道，而使吾侪冯生之徒，于此桎梏之世界中，离此生活之欲之争斗，而得其暂时之平和。此一切美术之目的也。夫欧洲近世之文学中，所以推格代之《法斯德》[①]为第一者，以其描写博士法斯德之苦痛及其解脱之途径最为精切故也。若《红楼梦》之写宝玉，又岂有以异于彼乎？彼于缠陷最深之中，而已伏解脱之种子，故听《寄生草》之曲，而悟立足之境；读《胠箧》之篇，而作焚花散麝之想。所以未能者，则以黛玉尚在耳。至黛玉死而其志渐决，然尚屡失于宝钗，几败于五儿，屡蹶屡振，而终获最后之胜利。读者观自九十八回以至百二十回之事实，其解脱之行程，精进之历史，明了精切何如哉！且法斯德之苦痛，天才之苦痛；宝玉之苦痛，人人所有之苦痛也。其存于人之根柢者为独深，而其希救济也为尤切。作者一一掇拾而

　　[①]《法斯德》：今译《浮士德》。

发挥之。我辈之读此书者，宜如何表满足感谢之意哉！而吾人于作者之姓名，尚未有确实之知识，岂徒吾侪寡学之羞，亦足以见二百余年来吾人之祖先，对此宇宙之大著述，如何冷淡遇之也！谁使此大著述之作者不敢自署其名？此可知此书之精神，大背于吾国人之性质，及吾人之沉溺于生活之欲，而乏美术之知识，有如此也。然则予之为此论，亦自知有罪也矣。

第三章 　《红楼梦》之美学上之价值

如上章之说，吾国人之精神，世间的也，乐天的也，故代表其精神之戏曲、小说，无往而不著此乐天之色彩：始于悲者终于欢，始于离者终于合，始于困者终于亨；非是而欲餍阅者之心，难矣。若《牡丹亭》之返魂，《长生殿》之重圆，其最著之一例也。《西厢记》之以惊梦终也，未成之作也，此书若成，吾乌知其不为《续西厢》之浅陋也？有《水浒传》矣，曷为而又有《荡寇志》？有《桃花扇》矣，曷为而又有《南桃花扇》？有《红楼梦》矣，彼《红楼复梦》《补红楼梦》《续红楼梦》者，曷为而作也？又曷为而有反对《红楼梦》之《儿女英雄传》？故吾国之文学中，其具厌世解脱之精神者，仅有《桃花扇》与《红楼梦》耳。而《桃花扇》之解脱，非真解脱也：沧桑之变，目击之而身历之，不能自悟，而悟于张道士之一言；且以历数千里，冒不测之险，投缧绁之中，所索之女子，才得一面，而以道士之言，一朝而舍之，自非三尺童子，其谁信之哉？故《桃花扇》之解脱，他律的也；而《红楼梦》之解脱，自律的也。且《桃花扇》之作者，但借侯、李之事，以写故国之戚，而非以描写人生为事。故《桃花扇》，政治的也，国民的也，历史的也；《红楼梦》，哲学的也，宇宙的也，文学的也。此《红楼梦》之所以大背于吾国人之精神，而其价值亦即存乎此。彼《南桃花扇》《红楼复梦》等，正代表吾国人乐天之精神者也。

《红楼梦》一书与一切喜剧相反，彻头彻尾之悲剧也。其大宗旨如上章之所述，读者既知之矣。除主人公不计外，凡此书中之人有与生活之欲相关系者，无不与苦痛相终始，以视宝琴、岫烟、李纹、李绮等，若藐姑射神人，夐乎不可及矣。夫此数人者，曷尝无生活之欲，曷尝无苦痛？而书中既不及写其生活之欲，则其苦痛自不得而写之；足以见二者如骖之靳，而永远的正义无往不逞其权力也。又吾国之文学，以挟乐天的精神故，故往往说诗歌的正义，善人必令其终，而恶人必离其罚：此亦吾国戏曲小说之特质也。《红楼梦》则不然，赵姨、凤姊之死，非鬼神之罚，彼良心自己之苦痛也。若李纨之受封，彼于《红楼梦》十四曲中，固已明说之曰：

〔晚韶华〕镜里恩情，更那堪梦里功名！那美韶华去之何迅。再休题绣帐鸳衾；只这戴珠冠，披凤袄，也抵不了无常性命。虽说是人生莫受老来贫，也须要阴骘积儿孙。气昂昂头戴簪缨，光灿灿胸悬金印，威赫赫爵禄高登，昏惨惨黄泉路近。问古来将相可还存？也只是虚名儿，与后人钦敬。（第五回）

此足以知其非诗歌的正义，而既有世界人生以上，无非永远的正义之所统辖也。故曰《红楼梦》一书，彻头彻尾的悲剧也。

由叔本华之说，悲剧之中，又有三种之别：第一种之悲剧由极恶之人，极其所有之能力以交构之者。第二种，由于盲目的运命者。第三种之悲剧，由于剧中之人物之位置及关系，而不得不然者；非必有蛇蝎之性质与意外之变故也，但由普通之人物、普通之境遇，逼之不得不如是。彼等明知其害，交施之而交受之，各加以

力而各不任其咎。此种悲剧，其感人贤于前二者远甚。何则？彼示
人生最大之不幸，非例外之事，而人生之所固有故也。若前二种之
悲剧，吾人对蛇蝎之人物与盲目之命运，未尝不悚然战慄；然以其
罕见之故，犹幸吾生之可以免，而不必求息肩之地也。但在第三
种，则见此非常之势力足以破坏人生之福祉者，无时而不可坠于吾
前；且此等惨酷之行，不但时时可受诸己，而或可以加诸人；躬丁
其酷，而无不平之可鸣：此可谓天下之至惨也。若《红楼梦》，则正
第三种之悲剧也。兹就宝玉、黛玉之事言之。贾母爱宝钗之婉嫕，
而惩黛玉之孤僻，又信金玉之邪说，而思压宝玉之病；王夫人固亲
于薛氏；凤姐以持家之故，忌黛玉之才，而虞其不便于己也；袭人
惩尤二姐、香菱之事，闻黛玉不是东风压西风，就是西风压东风之
语（第八十二回）①，惧祸之及，而自同于凤姐，亦自然之势也。
宝玉之于黛玉，信誓旦旦，而不能言之于最爱之之祖母，则普通之
道德使然；况黛玉一女子哉！由此种种原因，而金玉以之合，木石
以之离，又岂有蛇蝎之人物、非常之变故，行于其间哉？不过通常
之道德，通常之人情，通常之境遇为之而已。由此观之，《红楼梦》
者，可谓悲剧中之悲剧也。

由此之故，此书中壮美之部分，较多于优美之部分，而眩惑之
原质殆绝焉。作者于开卷即申明之曰：

> 更有一种风月笔墨，其淫秽污臭，最易坏人子弟。至于
> 才子佳人等书，则又开口文君，满篇子建，千部一腔，千人一
> 面，且终不能不涉淫滥。在作者不过欲写出自己两首情诗艳赋
> 来，故假捏出男女二人名姓，又必旁添一小人拨乱其间，如戏

---

① "不是东风压倒西风，就是西风压倒东风"句，当在《红楼梦》第八十二回。

中小丑一般。（此又上节所言之一证。）

兹举其最壮美者之一例，即宝玉与黛玉最后之相见一节曰：

那黛玉听着傻大姐说宝玉娶宝钗的话，此时心里竟是油儿酱儿糖儿醋儿倒在一处的一般，甜苦酸咸，竟说不上什么味儿来了……自己转身要回潇湘馆去，那身子竟有千百斤重的，两只脚却像踏着棉花一般，早已软了。只得一步一步，慢慢的走将下来。走了半天，还没到沁芳桥畔，脚下愈加软了。走的慢，且又迷迷痴痴，信着脚从那边绕过来，更添了两箭地路。这时刚到沁芳桥畔，却又不知不觉的顺着堤往向里走起来。紫鹃取了绢子来，却不见黛玉。正在那里看时，只见黛玉颜色雪白，身子恍恍荡荡的，眼睛也直直的，在那里东转西转……只得赶过来轻轻的问道："姑娘怎么又回去？是要往那里去？"黛玉也只模糊听见，随口答道："我问问宝玉去。"……紫鹃只得搀他进去。那黛玉却又奇怪了，这时不似先前那样软了，也不用紫鹃打帘子，自己掀起帘子进来……见宝玉在那里坐着，也不起来让坐，只瞧着嘻嘻的呆笑。黛玉自己坐下，却也瞧着宝玉笑。两个也不问好，也不说话，也无推让，只管对着脸呆笑起来。忽然听着黛玉说道："宝玉！你为什么病了？"宝玉笑道："我为林姑娘病了。"袭人、紫鹃两个，吓得面目改色，连忙用言语来岔。两个却又不答言，仍旧呆笑起来……紫鹃搀起黛玉，那黛玉也就站起来，瞧着宝玉，只管笑，只管点头儿。紫鹃又催道："姑娘回家去歇歇罢！"黛玉道："可不是，我这就是回去的时候儿了！"说着，便回身笑着出来了，仍旧不用丫头们搀扶，自己却走得比住常飞快。（第九十六回）

如此之文，此书中随处有之，其动吾人之感情何如！凡稍有审美的嗜好者，无人不经验之也。

《红楼梦》之为悲剧也如此。昔雅里大德勒[1]于《诗论》中，谓悲剧者，所以感发人之情绪而高上之，殊如恐惧与悲悯之二者，为悲剧中固有之物，由此感发，而人之精神于焉洗涤。故其目的，伦理学上之目的也。叔本华置诗歌于美术之顶点，又置悲剧于诗歌之顶点；而于悲剧之中，又特重第三种，以其示人生之真相，又示解脱之不可已故。故美学上最终之目的，与伦理学上最终之目的合。由是，《红楼梦》之美学上之价值，亦与其伦理学上之价值相联络也。

第四章　《红楼梦》之伦理学上之价值

自上章观之，《红楼梦》者，悲剧中之悲剧也。其美学上之价值，即存乎此。然使无伦理学上之价值以继之，则其于美术上之价值，尚未可知也。今使为宝玉者，于黛玉既死之后，或感愤而自杀，或放废以终其身，则虽谓此书一无价值可也。何则？欲达解脱之域者，固不可不尝人世之忧患；然所贵乎忧患者，以其为解脱之手段故，非重忧患自身之价值也。今使人日日居忧患，言忧患，而无希求解脱之勇气，则天国与地狱，彼两失之；其所领之境界，除阴云蔽天，沮洳弥望外，固无所获焉。黄仲则《绮怀》诗曰：

　　如此星辰非昨夜，为谁风露立中宵。

---

① 雅里大德勒：今译为亚里士多德，古希腊著名哲学家。

又其卒章曰：

> 结束铅华归少作，屏除丝竹入中年；茫茫来日愁如海，寄
> 语羲和快着鞭。

其一例也。《红楼梦》则不然，其精神之存于解脱，如前二章所说，
兹固不俟喋喋也。

　　然则解脱者，果足为伦理学上最高之理想否乎？自通常之道德
观之，夫人知其不可也。夫宝玉者，固世俗所谓绝父子、弃人伦、
不忠不孝之罪人也。然自太虚中有今日之世界，自世界中有今日之
人类，乃不得不有普通之道德，以为人类之法则。顺之者安，逆之
者危；顺之者存，逆之者亡。于今日之人类中，吾固不能不认普通
之道德之价值也。然所以有世界人生者，果有合理的根据欤？抑出
于盲目的动作，而别无意义存乎其间欤？使世界人生之存在，而有
合理的根据，则人生中所有普通之道德，谓之绝对的道德可也。然
吾人从各方面观之，则世界人生之所以存在，实由吾人类之祖先一
时之误谬。诗人之所悲歌，哲学者之所瞑想，与夫古代诸国民之传
说，若出一揆。若第二章所引《红楼梦》第一回之神话的解释，亦
于无意识中暗示此理，较之《创世纪》所述人类犯罪之历史，尤为
有味者也。夫人之有生，既为鼻祖之误谬矣，则夫吾人之同胞，凡
为此鼻祖之子孙者，苟有一人焉，未入解脱之域，则鼻祖之罪终无
时而赎，而一时之误谬，反覆至数千万年而未有已也。则夫绝弃人
伦如宝玉其人者，自普通之道德言之，固无所辞其不忠不孝之罪；
若开天眼而观之，则彼固可谓干父之蛊者也。知祖父之误谬，而不
忍反覆之以重其罪，顾得谓之不孝哉？然则宝玉"一子出家，七祖
升天"之说，诚有见乎所谓孝者在此不在彼，非徒自辩护而已。

　　然则举世界之人类，而尽入于解脱之域，则所谓宇宙者，不诚无物也欤？然有无之说，盖难言之矣。夫以人生之无常，而知识之不可恃，安知吾人之所谓"有"非所谓真有者乎？则自其反面言之，又安知吾人之所谓"无"非所谓真无者乎？即真无矣，而使吾人自空乏与满足、希望与恐怖之中出，而获永远息肩之所，不犹愈于世之所谓有者乎！然则吾人之畏无也，与小儿之畏暗黑何以异？自已解脱者观之，安知解脱之后，山川之美，日月之华，不有过于今日之世界者乎？读《飞鸟各投林》之曲，所谓"一片白茫茫大地真干净"者，有欤无欤，吾人且勿问，但立乎今日之人生而观之，彼诚有味乎其言之也。

　　难者又曰：人苟无生，则宇宙间最可宝贵之美术，不亦废欤？曰：美术之价值，对现在之世界人生而起者，非有绝对的价值也。其材料取诸人生，其理想亦视人生之缺陷逼仄，而趋于其反对之方面。如此之美术，惟于如此之世界、如此之人生中，始有价值耳。今设有人焉，自无始以来，无生死，无苦乐，无人世之罣碍，而惟有永远之知识，则吾人所宝为无上之美术，自彼视之，不过蛙鸣蝉噪而已。何则？美术上之理想，固彼之所自有，而其材料，又彼之所未尝经验故也。又设有人焉，备尝人世之苦痛，而已入于解脱之域，则美术之于彼也，亦无价值。何则？美术之价值，存于使人离生活之欲，而入于纯粹之知识。彼既无生活之欲矣，而复进之以美术，是犹馈壮夫以药石，多见其不知量而已矣。然而超今日之世界人生以外者，于美术之存亡，固自可不必问也。

　　夫然，故世界之大宗教，如印度之婆罗门教及佛教，希伯来之基督教，皆以解脱为惟一之宗旨。哲学家如古代希腊之柏拉图，近世德意志之叔本华，其最高之理想，亦存于解脱。殊如叔本华之说，由其深邃之知识论、伟大之形而上学出，一扫宗教之神话的面

具，而易以名学之论法；其真挚之感情与巧妙之文字，又足以济
之：故其说精密确实，非如古代之宗教及哲学说，徒属想象而已。
然事不厌其求详，姑以生平可疑者商榷焉：夫由叔氏之哲学说，则
一切人类及万物之根本，一也。故充叔氏拒绝意志之说，非一切人
类及万物，各拒绝其生活之意志，则一人之意志，亦不得而拒绝。
何则？生活之意志之存于我者，不过其一最小部分，而其大部分之
存于一切人类及万物者，皆与我之意志同。而此物我之差别，仅由
于吾人知力之形式，故离此知力之形式，而反其根本而观之，则一
切人类及万物之意志，皆我之意志也。然则拒绝吾一人之意志，而
姝姝自悦曰解脱，是何异决蹄踌之水，而注之沟壑，而曰天下皆得
平土而居之者哉！佛之言曰："若不尽度众生，誓不成佛。"其言犹
若有能之而不欲之意。然自吾人观之，此岂徒能之而不欲哉？将毋
欲之而不能也。故如叔本华之言一人之解脱，而未言世界之解脱，
实与其意志同一之说，不能两立者也。叔氏于无意识中亦触此疑
问，故于其《意志及观念之世界》之第四编之末，力护其说曰：

> 人之意志，于男女之欲，其发现也为最著。故完全之贞
> 操，乃拒绝意志，即解脱之第一步也。夫自然中之法则，固自
> 最确实者。使人人而行此格言，则人类之灭绝，自可立而待。
> 至人类以降之动物，其解脱与堕落，亦当视人类以为准。《吠
> 陀》之经典曰："一切众生之待圣人，如饥儿之待慈父母也。"
> 基督教中亦有此思想。珊列休斯于其《人持一切物归于上帝》
> 之小诗中曰："嗟汝万物灵，有生皆爱汝。总总环汝旁，如儿
> 索母乳。携之适天国，惟汝力是恃！"德意志之神秘学者马斯
> 太·哀克赫德亦云："《约翰福音》云，余之离世界也，将引
> 万物而与我俱。基督岂欺我哉！夫善人固将持万物而归之于上

帝，即其所从出之本者也。今夫一切生物，皆为人而造，又自相为用；牛羊之于水草，鱼之于水，鸟之于空气，野兽之于林莽皆是也。一切生物皆上帝所造，以供善人之用，而善人携之以归上帝。"彼意盖谓人之所以有用动物之权利者，实以能救济之之故也。

于佛教之经典中，亦说明此真理。方佛之尚为菩提萨埵也，自王宫逸出而入深林时，彼策其马而歌曰："汝久疲于生死分，今将息此任载。负余躬以遄举兮，继今日而无再。苟彼岸其余达矣，余将徘徊以汝待！"（《佛国记》）此之谓也。（英译《意志及观念之世界》第一册第四百九十二页）

然叔氏之说，徒引据经典，非有理论的根据也。试问释迦示寂以后，基督尸十字架以来，人类及万物之欲生奚若？其痛苦又奚若？吾知其不异于昔也。然则所谓持万物而归之上帝者，其尚有所待欤，抑徒沾沾自喜之说，而不能见诸实事者欤？果如后说，则释迦、基督自身之解脱与否，亦尚在不可知之数也。往者作一律曰：

> 生平颇忆挈卢敖，东过蓬莱浴海涛。
>
> 何处云中闻犬吠，至今湖畔尚乌号。
>
> 人间地狱真无间，死后泥洹枉自豪。
>
> 终古众生无度日，世尊只合老尘嚣。

何则？小宇宙之解脱，视大宇宙之解脱以为准故也。赫尔德曼人类涅槃之说，所以起而补叔氏之缺点者此。要之，解脱之足以为伦理学上最高之理想与否，实存于解脱之可能与否。若夫普通之论难，则固如楚楚蜉蝣，不足以撼十围之大树也。

今使解脱之事，终不可能，然一切伦理学上之理想，果皆可能也欤？今夫与此无生主义相反者，生生主义也。夫世界有限，而生人无穷；以无穷之人，生有限之世界，必有不得遂其生者矣。世界之内，有一人不得遂其生者，固生生主义之理想之所不许也。故由生生主义之理想，则欲使世界生活之量，达于极大限，则人人生活之度，不得不达于极小限。盖度与量二者，实为一精密之反比例，所谓最大多数之最大福祉者，亦仅归于伦理学者之梦想而已。夫以极大之生活量，而居于极小之生活度，则生活之意志之拒绝也奚若？此生生主义与无生主义相同之点也。苟无此理想，则世界之内，弱之肉，强之食，一任诸天然之法则耳，奚以伦理为哉？然世人日言生生主义，而此理想之达于何时，则尚在不可知之数。要之，理想者，可近而不可即，亦终古不过一理想而已矣。人知无生主义之理想之不可能，而自忘其主义之理想之何若，此则大不可解脱者也。

夫如是，则《红楼梦》之以解脱为理想者，果可菲薄也欤？夫以人生忧患之如彼，而劳苦之如此，苟有血气者，未有不渴慕救济者也，不求之于实行，犹将求之于美术。独《红楼梦》者，同时与吾人以二者之救济。人而自绝于救济则已耳；不然，则对此宇宙之大著述，宜如何企踵而欢迎之也！

第五章　余论

自我朝考证之学盛行，而读小说者，亦以考证之眼读之。于是评《红楼梦》者，纷然索此书中之主人公之为谁，此又甚不可解者也。夫美术之所写者，非个人之性质，而人类全体之性质也。惟美术之特质，贵具体而不贵抽象，于是举人类全体之性质，置诸个人之名字之下。譬诸副墨之子、洛诵之孙，亦随吾人之所好名之而已。善于观物者，能就个人之事实，而发见人类全体之性质。今对人类之全体，而必规规焉求个人以实之，人之知力相越，岂不远哉！故《红楼梦》之主人公，谓之贾宝玉可，谓之子虚乌有先生可，即谓之纳兰容若，谓之曹雪芹，亦无不可也。

综观评此书者之说，约有二种：一谓述他人之事，一谓作者自写其生平也。第一说中，大抵以贾宝玉为即纳兰性德，其说要非无所本。案性德《饮水诗集·别意》六首之三曰：

> 独拥余香冷不胜，残更数尽思腾腾。今宵便有随风梦，知在红楼第几层？

又《饮水词》中《于中好》一阕云：

> 别绪如丝睡不成，那堪孤枕梦边城。因听紫塞三更雨，却忆红楼半夜灯。

又《减字木兰花》一阕咏新月云：

> 莫教星替，守取团圆终必遂。此夜红楼，天上人间一样愁。

"红楼"之字凡三见，而云"梦红楼"者一。又其亡妇忌日，作《金缕曲》一阕，其首三句云：

> 此恨何时已，滴空阶、寒更雨歇，葬花天气。

"葬花"二字，始出于此。然则《饮水集》与《红楼梦》之间，稍有文字之关系。世人以宝玉为即纳兰侍卫者，殆由于此。然诗人与小说家之用语，其偶合者固不少。苟执此例以求《红楼梦》之主人公，吾恐其可以傅合者，断不止容若一人而已。若夫作者之姓名（遍考各书，未见曹雪芹何名）与作书之年月，其为读此书者所当知，似更比主人公之姓名为尤要。顾无一人为之考证者，此则大不可解者也。

至谓《红楼梦》一书，为作者自道其生平者，其说本于此书第一回"竟不如我亲见亲闻的几个女子"一语。信如此说，则唐旦之《天国喜剧》，可谓无独有偶者矣。然所谓"亲见亲闻"者，亦可自旁观者之口言之，未必躬为剧中之人物。如谓书中种种境界、种种人物，非局中人不能道，则是《水浒传》之作者必为大盗，《三国演义》之作者必为兵家，此又大不然之说也。且此问题，实与美术之渊源之问题相关系。如谓美术上之事，非局中人不能道，则其渊源必全存于经验而后可。夫美术之源出于先天，抑由于经验，此西洋美学上至大之问题也。叔本华之论此问题也，最为透辟。兹援其说，以结此论。其言（此论本为绘画及雕刻发，然可通之于诗歌、小说）曰：

人类之美之产于自然中者，必由下文解释之，即意志于其客观化之最高级（人类）中，由自己之力与种种之情况，而打胜下级（自然力）之抵抗，以占领其物力。且意志之发现于高等之阶级也，其形式必复杂。即以一树言之，乃无数之细胞合而成一系统者也。其阶级愈高，其结合愈复。人类之身体，乃最复杂之系统也，各部分各有一特别之生活，其对全体也则为隶属，其互相对也则为同僚，互相调和以为其全体之说明，不能增也，不能减也。能如此者，则谓之美。此自然中不得多见者也。顾美之于自然中如此，于美术中则何如？或有以美术家为模仿自然者。然彼苟无美之预想存于经验之前，则安从取自然中完全之物而模仿之，又以之与不完全者相区别哉？且自然亦安得时时生一人焉，于其各部分皆完全无缺哉？或又谓美术家必先于人之肢体中，观美丽之各部分，而由之以构成美丽之全体。此又大愚不灵之说也。即令如此，彼又何自知美丽之在此部分而非彼部分哉？故美之知识，断非自经验的得之，即非后天的而常为先天的；即不然，亦必其一部分常为先天的也。吾人于观人类之美后，始认其美；但在真正之美术家，其认识之也极其明速之度，而其表出之也胜乎自然之为。此由吾人之自身即意志，而于此所判断及发见者，乃意志于最高级之完全之客观化也。惟如是，吾人斯得有美之预想。而在真正之天才，于美之预想外，更伴以非常之巧力。彼于特别之物中认全体之理想，遂解自然之嗫嚅之言语而代言之，即以自然所百计而不能产出之美，现之于绘画及雕刻中，而若语自然曰：此即汝之所欲言而不得者也。苟有判断之能力者，必将应之曰是。惟如是，故希腊之天才，能发见人类之美之形式，而永为万世雕刻家之模范。惟如是，故吾人对自然于特别之境遇中所偶然成功者，而得认其美。此美之预想，乃自先天中所知者，即理想的也。比其现于美术也，则为实际的。何则？此与后天中所与之自然物相合故也。如此，美术家先天中有美之预想，而批评家于后天中认识之，此由美术家及批评家，乃自然之自身之一部，而意志于此客观化者也。哀姆攀独克尔曰："同者惟同者知之。"故惟自然能知自然，惟自然能言自然，则美术家有自然之美之预想，固自不足怪也。

芝诺芬述苏格拉底之言曰："希腊人之发见人类之美之理想也，由于经验。即集合种种美丽之部分，而于此发见一膝，于彼发见一臂。"此大谬之说也。不幸而此说又蔓延于诗歌中。即以狭斯丕尔言之，谓其戏曲中所描写之种种之人物，乃其一生之经验中所观察者，而极其全力以模写之者也。然诗人由人性之预想而作戏曲小说，与美术家之由美之预想而作绘画及雕刻无以异。惟两者于其创造之途中，必须有经验以为之补助。夫然，故其先天中所已知者，得唤起而入于明晰之意识，而后表出之事，乃可得而能也。（叔氏《意志及观念之世界》第一册第二百八十五页至八十九页）①

由此观之，则谓《红楼梦》中所有种种之人物、种种之境遇，必本于作者之经验，则雕刻与绘画家之写人之美也，必此取一膝、彼取一臂而后可。其是与非，不待知者能决矣。读者苟玩前数章之说，而知《红楼梦》之精神与其美学、伦理学上之价值，则此种议论，自可不生。苟如美术之大有造于人生，而《红楼梦》自足为我国美术上之惟一大著述，则其作者之姓名与其著书之年月，固当为惟一考证之题目。而我国人之所聚讼者，乃不在此而在彼；此足以见吾国人之对此书之兴味之所在，自在彼而不在此也。故为破其惑如此。

---

① 此即指从第285页—289页。

文学小言[①]

一

昔司马迁推本汉武时学术之盛，以为利禄之途使然。余谓一切学问皆能以利禄劝，独哲学与文学不然。何则？科学之事业皆直接间接以厚生利用为旨，故未有与政治及社会上之兴味相刺谬者也。至一新世界观与新人生观出，则往往与政治及社会上之兴味不能相容。若哲学家而以政治及社会之兴味为兴味，而不顾真理之如何，则又决非真正之哲学。此欧洲中世哲学之以辩护宗教为务者，所以蒙极大之污辱，而叔本华所以痛斥德意志大学之哲学者也。文学亦然，铺馔的文学，决非真正之文学也。

二

文学者，游戏的事业也。人之势力，用于生存竞争而有余，于是发而为游戏。婉娈之儿，有父母以衣食之，以卵翼之，无所谓争存之事也。其势力无所发泄，于是作种种之游戏。逮争存之事亟，

---

① 本文发表于1906年《教育世界》总第139号，收入《静庵文集续编》。

而游戏之道息矣。惟精神上之势力独优，而又不必以生事为急者，然后终身得保其游戏之性质。而成人以后，又不能以小儿之游戏为满足，于是对其自己之感情及所观察之事物而摹写之，咏叹之，以发泄所储蓄之势力。故民族文化之发达，非达一定之程度，则不能有文学；而个人之汲汲於争存者，决无文学家之资格也。

三

人亦有言：名者，利之宾也。故文绣的文学之不足为真文学也，与铺馁的文学同。古代文学之所以有不朽之价值者，岂不以无名之见者存乎？至文学之名起，于是有因之以为名者，而真正文学乃复托于不重于世之文体以自见。逮此体流行之后，则又为虚玄矣。故模仿之文学，是文绣的文学与铺馁的文学之记号也。

四

文学中有二原质焉：曰景，曰情。前者以描写自然及人生之事实为主，后者则吾人对此种事实之精神的态度也。故前者客观的，后者主观的也；前者知识的，后者感情的也。自一方面言之，则必吾人之胸中洞然无物，而后其观物也深，而其体物也切，即客观的知识实与主观的情感为反比例。自他方面言之，则激烈之情感，亦得为直观之对象、文学之材料；而观物与其描写之也，亦有无限之快乐伴之。要之，文学者不外知识与感情交代之结果而已。苟无锐敏之知识与深邃之感情者，不足与于文学之事。此其所以但为天才游戏之事业，而不能以他道劝者也。

五

古今之成大事业、大学问者，不可不历三种之阶级："昨夜西风凋碧树，独上高楼，望尽天涯路"（晏同叔《蝶恋花》），此第一阶级也。"衣带渐宽终不悔，为伊消得人憔悴"（欧阳永叔《蝶恋花》），此第二阶级也。"众里寻他千百度，回头蓦见（当作"蓦然回首"），那人正在灯火阑珊处"（辛幼安《青玉案》），此第三阶级也。未有不阅第一、第二阶级，而能遽跻第三阶级者。文学亦然，此有文学上之天才者，所以又需莫大之修养也。

六

三代以下之诗人，无过于屈子、渊明、子美、子瞻者。此四子者若无文学之天才，其人格亦自足千古。故无高尚伟大之人格，而有高尚伟大之文学者，殆未之有也。

七

天才者，或数十年而一出，或数百年而一出，而又须济之以学问，帅之以德性，始能产真正之大文学。此屈子、渊明、子美、子瞻等所以旷世而不一遇也。

八

"燕燕于飞，差池其羽。""燕燕于飞，颉之颃之。"
"睍睆黄鸟，载好其音。""昔我往矣，杨柳依依。"

诗人体物之妙，侔于造化，然皆出于离人孽子征夫之口，故知感情真者，其观物亦真。

九

"驾彼四牡，四牡项领。我瞻四方，蹙蹙靡所骋。"以《离骚》《远游》数千言言之而不足者，独以十七字尽之，岂不诡哉！然以讥屈子之文胜，则亦非知言者也。

十

屈子感自己之感，言自己之言者也。宋玉、景差感屈子之所感，而言其所言；然亲见屈子之境遇，与屈子之人格，故其所言，亦殆与言自己之言无异。贾谊、刘向其遇略与屈子同，而才则逊矣。王叔师以下，但袭其貌而无真情以济之。此后人之所以不复为楚人之词者也。

十一

屈子之后，文学上之雄者，渊明其尤也。韦、柳之视渊明，其如贾、刘之视屈子乎！彼感他人之所感，而言他人之所言，宜其不如李、杜也。

十二

宋以后之能感自己之感，言自己之言者，其惟东坡乎！山谷可谓能言其言矣，未可谓能感所感也。遗山以下亦然。若国朝之新城，岂徒言一人之言而已哉？所谓"莺偷百鸟声"者也。

十三

诗至唐中叶以后，殆为羔雁之具矣。故五季、北宋之诗，（除一二大家外）无可观者，而词则独为其全盛时代。其诗词兼擅如永叔、少游者，皆诗不如词远甚。以其写之于诗者，不若写之于词者之真也。至南宋以后，词亦为羔雁之具，而词亦替矣。（除稼轩一人外）观此足以知文学盛衰之故矣。

十四

上之所论，皆就抒情的文学言之。（《离骚》诗词皆是）至叙事的文学（谓叙事诗、史诗、戏曲等，非谓散文也），则我国尚在幼稚之时代。元人杂剧，辞则美矣，然不知描写人格为何事。至国朝之《桃花扇》，则有人格矣，然他戏曲则殊不称是。要之，不过稍有系统之词，而并失词之性质者也。以东方古文学之国，而最高之文学无一足以与西欧匹者，此则后此文学家之责矣。

十五

抒情之诗，不待专门之诗人而后能之也。若夫叙事，则其所需之时日长，而其所取之材料富，非天才而又有暇日者不能。此诗家之数之所以不可更仆数，而叙事文学家殆不能及百分之一也。

十六

《三国演义》无纯文学之资格，然其叙关壮缪之释曹操，则非大文学家不办。《水浒传》之写鲁智深，《桃花扇》之写柳敬亭、苏昆生，彼其所为，固毫无意义。然以其不顾一己之利害，故犹使吾人生无限之兴味，发无限之尊敬，况于观壮缪之矫矫者乎？若此者，岂真如汗德所云，实践理性为宇宙人生之根本欤？抑与现在利己之世界相比较，而益使吾人兴无涯之感也？则选择戏曲小说之题目者，亦可以知所去取矣。

十七

吾人谓戏曲小说家为专门之诗人，非谓其以文学为职业也。以文学为职业，餔餟的文学也。职业的文学家，以文学为生活；专门之文学家，为文学而生活。今餔餟的文学之途，盖已开矣。吾宁闻征夫思妇之声，而不屑使此等文学嚣然污吾耳也。

屈子文学之精神①

　　我国春秋以前，道德政治上之思想，可分之为二派：一帝王派，一非帝王派。前者称道尧、舜、禹、汤、文、武，后者则称其学出于上古之隐君子，（如庄周所称广成子之类。）或托之于上古之帝王。前者近古学派，后者远古学派也。前者贵族派，后者平民派也。前者入世派，后者遁世派也。（非真遁世派，知其主义之终不能行于世，而遁焉者也。）前者热情派，后者冷性派也。前者国家派，后者个人派也。前者大成于孔子、墨子，而后者大成于老子。（老子楚人，在孔子后，与孔子问礼之老聃，系二人，说见汪容甫《述学·老子考异》。）故前者北方派，后者南方派也。此二派者，其主义常相反对，而不能相调和。观孔子与接舆、长沮、桀溺、荷蓧丈人之关系，可知之矣。战国后之诸学派，无不直接出于此二派，或出于混合此二派。故虽谓吾国固有之思想，不外此二者，可也。

　　夫然，故吾国之文学，亦不外发表二种之思想。然南方学派则仅有散文的文学，如老子、庄、列是已。至诗歌的文学，则为北方学派之所专有。《诗》三百篇，大抵表北方学派之思想者也。虽其中如《考槃》《衡门》等篇，略近南方之思想。然北方学者所谓"用之

<hr>

① 本文发表于1906年《教育世界》总第140号，收入《静庵文集续编》。

则行，舍之则藏"，"有道则见，无道则隐"者，亦岂有异於是哉？故此等谓之南北公共之思想则可，不必为南方思想之特质也。然则诗歌的文学，所以独出於北方之学派者，又何故乎？

诗歌者，描写人生者也。（用德国大诗人希尔列尔之定义。）此定义未免太狭。今更广之曰，描写自然及人生可乎？然人类之兴味，实先人生，而后自然。故纯粹之模山范水，留连光景之作，自建安以前，殆未之见。而诗歌之题目，皆以描写自己深邃之感情为主。其写景物也，亦必以自己深邃之感情为之素地，而始得于特别之境遇中，用特别之眼观之。故古代之诗所描写者，特人生之主观的方面，而对于人生之客观的方面，及纯处于客观界之自然，断不能以全力注之也。故对古代之诗，前之定义，苦其广，而不苦其隘也。

诗之为道，既以描写人生为事，而人生者，非孤立之生活，而在家族、国家及社会中之生活。北方派之理想，置于当日之社会中；南方派之理想，则树于当日之社会外。易言以明之，北方派之理想，在改作旧社会；南方派之理想，在创造新社会。然改作与创作，皆当日之社会之所不许也。南方之人，以长于思辨，而短于实行，故知实践之不可能，而即于其理想中，求其安慰之地，故有遁世无闷，嚣然自得以没齿者矣。若北方之人，则往往以坚忍之志，强毅之气，恃其改作之理想，以与当日之社会争；而社会之仇视之也，亦与其仇视南方学者无异，或有甚焉。故彼之视社会也，一时以为寇，一时以为亲，如此循环，而遂生欧穆亚（Humour）之人生观。《小雅》之杰作，皆此种竞争之产物也。且北方之人，不为离世绝俗之举，而日周旋于君臣父子夫妇之间，此等在在界以诗歌之题目，与以作诗之动机。此诗歌的文学，所以独产于北方学派中，而无与于南方学派者也。

然南方文学中，又非无诗歌的原质也。南人想象力之伟大丰富，胜于北人远甚。彼等巧于比类，而善于滑稽：故言大则有若北溟之鱼，语小则有若蜗角之国；语久则大椿冥灵，语短则蟪蛄朝菌；至于襄城之野，七圣皆迷；汾水之阳，四子独往；此种想象，决不能于北方文学中发见之。故庄、列书中之某部分，即谓之散文诗，无不可也。夫儿童想象力之活泼，此人人公认之事实也。国民文化发达之初期亦然，古代印度及希腊之壮丽之神话，皆此等想象之产物也。以我中国论，则南方之文化发达较后于北方，则南人之富于想象，亦自然之势也。此南方文学中之诗歌的特质所以优于北方文学者也。

由此观之，北方人之感情，诗歌的也，以不得想象之助，故其所作遂止于小篇。南方人之想象，亦诗歌的也，以无深邃之感情之后援，故其想象亦散漫而无所丽，是以无纯粹之诗歌。而大诗歌之出，必须俟北方人之感情，与南方之想象合而为一，即必通南北之骑驿而后可，斯即屈子其人也。

屈子南人而学北方之学者也。南方学派之思想，本与当时封建贵族之制度，不能相容。故虽南方之贵族，亦常奉北方之思想焉。观屈子之文，可以征之。其所称之圣王，则有若高辛、尧、舜、禹、汤、少康、武丁、文、武，贤人则有若皋陶、挚说、彭、咸（谓彭祖、巫咸，商之贤臣也，与"巫咸将夕降兮"之巫咸，自是二人，列子所谓"郑有神巫，名季咸"者也。）比干、伯夷、吕望、宁戚、百里、介推、子胥，暴君则有若夏启、羿、浞、桀、纣，皆北方学者之所常称道，而于南方学者所称黄帝、广成等不一及焉。虽《远游》一篇，似专述南方之思想，然此实屈子愤激之词，如孔子之居夷浮海，非其志也。《离骚》之卒章，其旨亦与《远游》同。然卒曰："陟升皇之赫戏兮，忽临睨夫旧乡。仆夫悲余马怀兮，蜷局顾而不行。"《九章》中之《怀沙》，乃其绝笔，然犹称重华、汤、禹，足知屈子固彻头彻尾抱北方之思想，虽欲为南方之学者，而终有所不慊者也。

屈子之自赞曰"廉贞"。余谓屈子之性格，此二字尽之矣。其廉固南方学者之所优为，其贞则其所不屑为，亦不能为者也。女嬃之詈，巫咸之占，渔父之歌，皆代表南方学者之思想，然皆不足以动屈子。而知屈子者，惟詹尹一人。盖屈子之于楚，亲则肺腑，尊则大夫，又尝管内政外交上之大事矣，其于国家既同累世之休戚，其于怀王又有一日之知遇，被疏者一，被放者再，而终不能易其志，于是其性格与境遇相得，而使之成一种之欧穆亚。《离骚》以下诸作，实此欧穆亚所发表者也。使南方之学者处此，则贾谊（《吊屈原文》）、扬雄（《反离骚》）是，而屈子非矣。此屈子之文学，所负于北方学派者。然就屈子文学之形式言之，则所负于南方学派者，抑又不少。彼之丰富之想象力，实与庄、列为近。《天问》《远游》凿空之谈，求女谬悠之语，庄语之不足，而继之以谐，于是思想之游戏，更为自由矣。变《三百篇》之体，而为长句，变短什而为长篇，于是感情之发表，更为婉转矣。此皆古代北方文学之所未有，而其端自屈子开之。然所以驱此想象而成此大文学者，实由其北方之肫挚的性格。此庄周等之所以仅为哲学家，而周、秦间之大诗人，不能不独数屈子也。

要之，诗歌者，感情的产物也。虽其中之想象的原质（即知力的原质，亦须有肫挚之感情为之素地，而后此原质乃显。故诗歌者，实北方文学之产物，而非儇薄冷淡之夫所能托。观后世之诗人，若渊明，若子美，无非受北方学派之影响者。岂独一屈子然哉！岂独一屈子然哉！

《人间词话》定稿①（六十四则）

一

词以境界为最上。有境界则自成高格，自有名句。五代北宋之词所以独绝者在此。

二

有造境，有写境，此理想与写实二派之所由分。然二者颇难分别。因大诗人所造之境，必合乎自然，所写之境，亦必邻于理想故也。

三

有有我之境，有无我之境。"泪眼问花花不语，乱红飞过秋千去。""可堪孤馆闭春寒，杜鹃声里斜阳暮。"有我之境也。"采菊东

---

① 《人间词话》从1908年始，以三期连载于《国粹学报》，为王国维手定本，凡六十四则。

篱下，悠然见南山。""寒波澹澹起，白鸟悠悠下。"无我之境也。有我之境，以我观物，故物皆着我之色彩。无我之境，以物观物，故不知何者为我，何者为物。古人为词，写有我之境者为多，然未始不能写无我之境，此在豪杰之士能自树立耳。

四

无我之境，人惟于静中得之。有我之境，于由动之静时得之。故一优美，一宏壮也。

五

自然中之物，互相关系，互相限制。然其写之于文学及美术中也，必遗其关系、限制之处。故虽写实家，亦理想家也。又虽如何虚构之境，其材料必求之于自然，而其构造，亦必从自然之法则。故虽理想家，亦写实家也。

六

境非独谓景物也，喜怒哀乐，亦人心中之一境界。故能写真景物、真感情者，谓之有境界。否则谓之无境界。

七

"红杏枝头春意闹"，着一"闹"字，而境界全出。"云破月来花弄影"，着一"弄"字，而境界全出矣。

八

境界有大小，不以是而分优劣。"细雨鱼儿出，微风燕子斜，"何遽不若"落日照大旗，马鸣风萧萧"。"宝帘闲挂小银钩"，何遽不若"雾失楼台，月迷津渡"也。

九

严沧浪《诗话》谓："盛唐诸公（诗话"公"作"人"），惟在兴趣。羚羊挂角，无迹可求。故其妙处，透澈（"澈"作"彻"）玲珑，不可凑拍（"拍"作"泊"）。如空中之音、相中之色、水中之影（"影"作"月"）、镜中之象，言有尽而意无穷。"余谓北宋以前之词，亦复如是。然沧浪所谓兴趣，阮亭所谓神韵，犹不过道其面目，不若鄙人拈出"境界"二字，为探其本也。

一〇

太白纯以气象胜。"西风残照，汉家陵阙。"寥寥八字，遂关千古登临之口。后世惟范文正之《渔家傲》，夏英公之《喜迁莺》，差足继武，然气象已不逮矣。

一一

张皋文谓："飞卿之词，深美闳约。"余谓：此四字惟冯正中足以当之。刘融斋谓，"飞卿精艳（当作"妙"）绝人。"差近之耳。

一二

"画屏金鹧鸪"，飞卿语也，其词品似之。"弦上黄莺语"，端己语也，其词品亦似之。正中词品，若欲于其词句中求之，则"和泪试严妆"，殆近之欤？

一三

南唐中主词："菡萏香销翠叶残，西风愁起绿波间。"大有"众芳芜秽""美人迟暮"之感。乃古今独赏其"细雨梦回鸡塞远，小楼吹彻玉笙寒。"故知解人正不易得。

一四

温飞卿之词，句秀也。韦端己之词，骨秀也。李重光之词，神秀也。

一五

词至李后主而眼界始大，感慨遂深，遂变伶工之词而为士大夫之词。周介存置诸温韦之下，可谓颠倒黑白矣。"自是人生长恨水长东。""流水落花春去也，天上人间。"《金荃》《浣花》，能有此气象耶？

一六

词人者，不失其赤子之心者也。故生于深宫之中，长于妇人之手，是后主为人君所短处，亦即为词人所长处。

一七

客观之诗人，不可不多阅世。阅世愈深，则材料愈丰富，愈变化，《水浒传》《红楼梦》之作者是也。主观之诗人，不必多阅世。阅世愈浅，则性情愈真，李后主是也。

一八

尼采谓："一切文学，余爱以血书者。"后主之词，真所谓以血书者也。宋道君皇帝《燕山亭》词亦略似之。然道君不过自道身世之戚，后主则俨有释迦、基督担荷人类罪恶之意，其大小固不同矣。

一九

冯正中词虽不失五代风格，而堂庑特大，开北宋一代风气。与中、后二主词皆在《花间》范围之外，宜《花间集》中不登其只字也。

二〇

正中词除《鹊踏枝》《菩萨蛮》十数阕最煊赫外，如《醉花间》之“高树鹊衔巢，斜月明寒草”。余谓：韦苏州之“流萤度高阁”，孟襄阳之“疏雨滴梧桐”，不能过也。

二一

欧九《浣溪沙》词：“绿杨楼外出秋千”，晁补之谓：只一“出”字，便后人所不能道。余谓：此本于正中《上行杯》词“柳外秋千出画墙”，但欧语尤工耳。

二二

梅圣（原误作“舜”）俞《苏幕遮》词：“落尽梨花春事（当作“又”）了。满地斜（当作“残”）阳，翠色和烟老。”刘融斋谓：少游一生专学此种。余谓：冯正中《玉楼春》词：“芳菲次第长相续，自是情多无处足。尊前百计得春归，莫为伤春眉黛蹙。”永叔一生似专学此种。

二三

人知和靖《点绛唇》、圣（原误作“舜”）俞《苏幕遮》、永叔《少年游》（原脱“游”）三阕为咏春草绝调。不知先有正中“细雨湿流光”五字，皆能摄春草之魂者也。

二四

《诗·蒹葭》一篇，最得风人深致。晏同叔之"昨夜西风凋碧树。独上高楼，望尽天涯路。"意颇近之。但一洒落，一悲壮耳。

二五

"我瞻四方，蹙蹙靡所骋。"诗人之忧生也。"昨夜西风凋碧树。独上高楼，望尽天涯路"似之。"终日驰车走，不见所问津。"诗人之忧世也。"百草千花寒食路，香车系在谁家树"似之。

二六

古今之作大事业、大学问者，必经过三种之境界："昨夜西风凋碧树。独上高楼，望尽天涯路。"此第一境也。"衣带渐宽终不悔，为伊消得人憔悴。"此第二境也。"众里寻他千百度，回头蓦见（当作"蓦然回首"），那人正（当作"却"）在灯火阑珊处。"此第三境也。此等语皆非大词人不能道。然遽以此意解释诸词，恐为晏、欧诸公所不许也。

二七

永叔"人间（当作"生"）自是有情痴，此恨不关风与月"。"直须看尽洛城花，始与（当作"共"）东（当作"春"）风容易别。"于豪放之中有沈着之致，所以尤高。

二八

冯梦华《宋六十一家词选·序例》谓："淮海、小山，古之伤心人也。其淡语皆有味，浅语皆有致。"余谓此惟淮海足以当之。小山矜贵有馀，但可方驾子野、方回，未足抗衡淮海也。

二九

少游词境最为凄婉。至"可堪孤馆闭春寒，杜鹃声里斜阳暮。"则变而凄厉矣。东坡赏其后二语，犹为皮相。

三〇

"风雨如晦，鸡鸣不已。""山峻高以蔽日兮，下幽晦以多雨。霰雪纷其无垠兮，云霏霏而承宇。""树树皆秋色，山山尽（当作"惟"）落晖。""可堪孤馆闭春寒，杜鹃声里斜阳暮。"气象皆相似。

三一

昭明太子称：陶渊明诗"跌宕昭彰，独超众类。抑扬爽朗，莫之与京。"王无功称：薛收赋"韵趣高奇，词义旷远。嵯峨萧瑟，真不可言。"词中惜少此二种气象，前者惟东坡，后者惟白石，略得一二耳。

三二

词之雅郑，在神不在貌。永叔、少游虽作艳语，终有品格。方之美成，便有淑女与倡伎之别。

三三

美成深远之致不及欧、秦。惟言情体物，穷极工巧，故不失为第一流之作者。但恨创调之才多，创意之才少耳。

三四

词忌用替代字。美成《解语花》之"桂华流瓦"，境界极妙。惜以"桂华"二字代"月"耳。梦窗以下，则用代字更多。其所以然者，非意不足，则语不妙也。盖意足则不暇代，语妙则不必代。此少游之"小楼连苑""绣毂雕鞍"，所以为东坡所讥也。

三五

沈伯时《乐府指迷》云：说桃不可直说破（原无"破"字，据《花草粹编》附刊本《乐府指迷》加）桃，须用'红雨''刘郎'等字。咏（原作"说"）柳不可直说破柳，须用'章台''灞岸'等字。"若惟恐人不用代字者。果以是为工，则古今类书具在，又安用词为耶？宜其为《提要》所讥也。

三六

美成《青玉案》（当作《苏幕遮》）词："叶上初阳干宿雨。水面清圆，一一风荷举。"此真能得荷之神理者。觉白石《念奴娇》《惜红衣》二词，犹有隔雾看花之恨。

三七

东坡《水龙吟》咏杨花，和均而似元唱。章质夫词，原唱而似和均。才之不可强也如是！

三八

咏物之词，自以东坡《水龙吟》为最工，邦卿《双双燕》次之。白石《暗香》《疏影》，格调虽高，然无一语道著，视古人"江边一树垂垂发"等句何如耶？

三九

白石写景之作，如"二十四桥仍在，波心荡、冷月无声"，"数峰清苦，商略黄昏雨"，"高树晚蝉，说西风消息"，虽格韵高绝，然如雾里看花，终隔一层。梅溪、梦窗诸家写景之病，皆在一"隔"字。北宋风流，渡江遂绝。抑真有运会存乎其间耶？

四〇

问"隔"与"不隔"之别，曰：陶、谢之诗不隔，延年则稍隔矣。东坡之诗不隔，山谷则稍隔矣。"池塘生春草""空梁落燕泥"等二句，妙处惟在不隔。词亦如是。即以一人一词论，如欧阳公《少年游》（咏春草）上半阕云："阑干十二独凭春，晴碧远连云。千里万里，二月三月，（此两句原倒置）行色苦愁人。"语语都在目前，便是不隔。至云："谢家池上，江淹浦畔。"则隔矣。白石《翠楼吟》："此地。宜有词仙，拥素云黄鹤，与君游戏。玉梯凝望久，叹芳草、萋萋千里。"便是不隔。至"酒祓清愁，花消英气"，则隔矣。然南宋词虽不隔处，比之前人，自有浅深厚薄之别。

四一

"生年不满百，常怀千岁忧。昼短苦夜长，何不秉烛游？""服食求神仙，多为药所误。不如饮美酒，被服纨与素。"写情如此，方为不隔。"采菊东篱下，悠然见南山。山气日夕佳，飞鸟相与还。""天似穹庐，笼盖四野。天苍苍，野茫茫。风吹草低见牛羊。"写景如此，方为不隔。

四二

古今词人格调之高，无如白石。惜不于意境上用力，故觉无言外之味，弦外之响，终不能与于第一流之作者也。

四三

南宋词人，白石有格而无情，剑南有气而乏韵。其堪与北宋人颉颃者，惟一幼安耳。近人祖南宋而祧北宋，以南宋词可学，北宋不可学也。学南宋者，不祖白石，则祖梦窗，以白石、梦窗可学，幼安不可学也。学幼安者率祖其粗犷、滑稽，以其粗犷、滑稽处可学，佳处不可学也。幼安之佳处，在有性情，有境界。即以气象论，亦有"横素波、干青云"之概，宁后世龌龊小生所可拟耶？

四四

东坡之词旷，稼轩之词豪。无二人之胸襟而学其词，犹东施之效捧心也。

四五

读东坡、稼轩词，须观其雅量高致，有伯夷、柳下惠之风。白石虽似蝉蜕尘埃，然终不免局促辕下。

四六

苏辛，词中之狂。白石犹不失为狷。若梦窗、梅溪、玉田、草窗、中（当作"西"）麓辈，面目不同，同归于乡愿而已。

四七

稼轩中秋饮酒达旦，用《天问》体作《木兰花慢》以送月，曰："可怜今夕月，向何处、去悠悠。是别有人间，那边才见，光景东头。"词人想象，直悟月轮绕地之理，与科学家密合，可谓神悟。

四八

周介存谓："梅溪词中，喜用'偷'，足以定其品格。"刘融斋谓："周旨荡而史意贪。"此二词令人解颐。

四九

介存谓：梦窗词之佳者，如"水光云影，摇荡绿波，抚玩无极，追寻已远。"余览梦窗甲乙丙丁稿中，实无足当此者。有之，其"隔江人在雨声中，晚风菰叶生秋怨"二语乎？

五〇

梦窗之词，吾得取其词中之一语以评之，曰："映梦窗，凌（当作"零"）乱碧。"玉田之词，余得取其词中之一语以评之，曰："玉老田荒。"

五一

"明月照积雪""大江流日夜""中天悬明月""黄（当作"长"）河落日圆"，此种境界，可谓千古壮观。求之于词，惟纳兰容若塞上之作，如《长相思》之"夜深千帐灯"，《如梦令》之"万帐穹庐人醉，星影摇摇欲坠"差近之。

五二

纳兰容若以自然之眼观物，以自然之舌言情。此由初入中原，未染汉人风气，故能真切如此。北宋以来，一人而已。

五三

陆放翁跋《花间集》，谓："唐季五代，诗愈卑，而倚声者辄简古可爱。能此不能彼，未可（当作"易"）以理推也。"《提要》驳之，谓："犹能举七十斤者，举百斤则蹶，举五十斤则运掉自如。"其言甚辨。然谓词必易于诗，余未敢信。善乎陈卧子之言曰："宋人不知诗而强作诗，故终宋之世无诗。然其欢愉愁苦（当作"怨"）之致，动于中而不能抑者，类发于诗馀，故其所造独工。"五代词之所以独胜，亦以此也。

五四

四言敝而有《楚辞》，《楚辞》敝而有五言，五言敝而有七言，古诗敝而有律绝，律绝敝而有词。盖文体通行既久，染指遂多，自成习套。豪杰之士，亦难于其中自出新意，故遁而作他体，以自解脱。一切文体所以始盛终衰者，皆由于此。故谓文学后不如前，余未敢信。但就一体论，则此说固无以易也。

五五

诗之三百篇、十九首，词之五代、北宋，皆无题也。非无题也，诗词中之意，不能以题尽之也。自花庵、草堂每调立题，并古人无题之词亦为之作题。如观一幅佳山水，即曰此某山某河，可乎？诗有题而诗亡，词有题而词亡。然中材之士，鲜能知此而自振拔者矣。

五六

大家之作，其言情也必沁人心脾，其写景也必豁人耳目。其辞脱口而出，无矫揉妆束之态。以其所见者真，所知者深也。诗词皆然。持此以衡古今之作者，可无大误矣。

五七

人能于诗词中不为美刺投赠之篇，不使隶事之句，不用粉饰之字，则于此道已过半矣。

五八

以《长恨歌》之壮采，而所隶之事，只"小玉双成"四字，才有馀也。梅村歌行，则非隶事不办。白、吴优劣，即于此见。不独作诗为然，填词家亦不可不知也。

五九

近体诗体制，以五七言绝句为最尊，律诗次之，排律最下。盖此体于寄兴言情，两无所当，殆有韵之骈体文耳。词中小令如绝句，长调似律诗，若长调之《百字令》、《沁园春》等，则近于排律矣。

六〇

诗人对宇宙人生，须人乎其内，又须出乎其外。入乎其内，故能写之。出乎其外，故能观之。入乎其内，故有生气。出乎其外，故有高致。美成能入而不出。白石以降，于此二事皆未梦见。

六一

诗人必有轻视外物之意，故能以奴仆命风月。又必有重视外物之意，故能与花鸟共忧乐。

六二

"昔为倡家女,今为荡子妇。荡子行不归,空床难独守。""何不策高足,先据要路津?无为久贫(当作"守穷")贱,辗轲长苦辛。"可谓淫鄙之尤。然无视为淫词、鄙词者,以其真也。五代、北宋之大词人亦然。非无淫词,读之者但觉其亲切动人。非无鄙词,但觉其精力弥满。可知淫词与鄙词之病,非淫与鄙之病,而游词之病也。"岂不尔思,室是远而。"而子曰:"未之思也,夫何远之有?"恶其游也。

六三

"枯藤老树昏鸦。小桥流水平沙(诸本多作"人家")。古道西风瘦马。夕阳西下。断肠人在天涯。"此元人马东篱《天净沙》小令也。寥寥数语,深得唐人绝句妙境。有元一代词家,皆不能办此也。

六四

白仁甫《秋夜梧桐雨》剧,沈雄悲壮,为元曲冠冕。然所作《天籁词》,粗浅之甚,不足为稼轩奴隶。岂创者易工,而因者难巧欤?抑人各有能有不能也?读者观欧秦之诗远不如词,足透此中消息。

宣统庚戌九月脱稿于京师定武城南寓庐

《人间词话》删稿^①（四十九则）

一

白石之词，余所最爱者，亦仅二语。曰："淮南皓月冷千山，冥冥归去无人管。"

二

双声、叠韵之论，盛于六朝，唐人犹多用之。至宋以后，则渐不讲，并不知二者为何物。乾嘉间，吾乡周松霭（春）先生著《杜诗双声叠韵谱括略》，正千余年之误，可谓有功文苑者矣。其言曰："两字同母谓之双声，两字同韵谓之叠韵。"余按：用今日各国文法通用之语表之，则两字同一子音者谓之双声。如《南史·羊元保传》之"官家恨狭，更广八分"，"官家更广"四字，皆从k得声。《洛阳伽蓝记》之"狞奴慢骂"，"狞奴"二字，皆从n得声。"慢骂"二字，皆从m得声也。两字同一母音者，谓之叠韵。如梁武帝"后牖有朽柳"，"后牖有"三字，双声而兼叠韵。"有朽柳"三字，

———————
①此为王国维原稿中所删弃者，共补辑得四十九则，所据版本同前。

其母音皆为u也（按：原稿如此，应为iu）。刘孝绰之"梁皇长康强"，"梁长强"三字，其母音皆为ian（按：原稿如此，应为iang）也。自李淑《诗苑》伪造沈约之说，以双声叠韵为诗中八病之二，后世诗家多废而不讲，亦不复用之于词。余谓苟于词之荡漾处多用叠韵，促节处用双声，则其铿锵可诵，必有过于前人者。

惜世之专讲音律者，尚未悟此也。

<h2 style="text-align:center">三</h2>

世人但知双声之不拘四声，不知叠韵亦不拘平、上、去三声。凡字之同母者，虽平仄有殊，皆叠韵也。

<h2 style="text-align:center">四</h2>

诗至唐中叶以后，殆为羔雁之具矣。故五代北宋之诗，佳者绝少，而词则为其极盛时代。即诗词兼擅如永叔、少游者，词胜于诗远甚。以其写之于诗者，不若写之于词者之真也。至南宋以后，词亦为羔雁之具，而词亦替矣。（《文学小言》十三此下有"除稼轩一人外"六字注。）此亦文学升降之一关键也。

<h2 style="text-align:center">五</h2>

曾纯甫中秋应制，作《壶中天慢》词，自注云："是夜，西兴亦闻天乐。"谓宫中乐声，闻于隔岸也。毛子晋谓："天神亦不以人废言。"近冯梦华复辨其诬。不解"天乐"二字文义，殊笑人也！

六

北宋名家以方回为最次。其词如历下、新城之诗，非不华瞻，惜少真味。

七

散文易学而难工，骈文难学而易工。近体诗易学而难工，古体诗难学而易工。小令易学而难工，长调难学而易工。

八

古诗云："谁能思不歌？谁能饥不食？"诗词者，物之不得其平而鸣者也。故欢愉之辞难工，愁苦之言易巧。

九

社会上之习惯，杀许多之善人。文学上之习惯，杀许多之天才。

一〇

昔人论诗词，有景语、情语之别。不知一切景语，皆情语也。

一一

　　词家多以景寓情。其专作情语而绝妙者，如牛峤之"甘（当作"须"）作一生拼，尽君今日欢"。顾夐之"换我心为你心，始知相忆深"。欧阳修之"衣带渐宽终不悔，为伊消得人憔悴"。美成之"许多烦恼，只为当时，一饷留情"。此等词求之古今人词中，曾不多见。

一二

　　词之为体，要眇宜修。能言诗之所不能言，而不能尽言诗之所能言。诗之境阔，词之言长。

一三

　　言气质，言神韵，不如言境界。有境界，本也。气质、神韵，末也。有境界而二者随之矣。

一四

　　"西（当作"秋"）风吹渭水，落日（当作"叶"）满长安。"美成以之入词，白仁甫以之入曲，此借古人之境界为我之境界者也。然非自有境界，古人亦不为我用。

一五

长调自以周、柳、苏、辛为最工。美成《浪淘沙慢》二词，精壮顿挫，已开北曲之先声。若屯田之《八声甘州》，东坡之《水调歌头》，则仁兴之作，格高千古，不能以常调论也。

一六

稼轩《贺新郎》词《送茂嘉十二弟》，章法绝妙。且语语有境界，此能品而几于神者。然非有意为之，故后人不能学也。

一七

稼轩《贺新郎》词："柳暗凌波路。送春归猛风暴雨，一番新绿。"又《定风波》词："从此酒酣明月夜。耳热。""绿""热"二字，皆作上去用。与韩玉《东浦词》《贺新郎》以"玉""曲"叶"注""女"，《卜算子》以"夜""谢"叶"食""月"（按："食"当作"节"，"食"在词中既非韵，在词韵中与"月"又非同部，想系笔误），已开北曲四声通押之祖。

一八

谭复堂《箧中词选》谓："蒋鹿潭《水云楼词》与成容若、项莲生，二（原作"三"，依《箧中词》卷五改）百年间，分鼎三足。"然《水云楼词》小令颇有境界，长调惟存气格。《忆云词》精实有馀，超逸不足，皆不足与容若比。然视皋文、止庵辈，则偶乎远矣。

一九

词家时代之说，盛于国初。竹垞谓：词至北宋而大，至南宋而深。后此词人，群奉其说。然其中亦非无具眼者。周保绪曰："南宋下不犯北宋拙率之病，高不到北宋浑涵之诣。"又曰："北宋词多就景叙情，故珠圆玉润，四照玲珑。至稼轩、白石，一变而为即事叙景，使深者反浅，曲者反直。"潘四农德舆曰："词滥觞于唐，畅于五代，而意格之闳深曲挚，则莫盛于北宋。词之有北宋，犹诗之有盛唐。至南宋则稍衰矣。"刘融斋熙载曰："北宋词用密亦疏、用隐亦亮、用沈亦快、用细亦阔、用精亦浑。南宋只是掉转过来。"可知此事自有公论。虽止弇词颇浅薄，潘、刘尤甚。然其推尊北宋，则与明季、云间诸公，同一卓识也。

二〇

唐五代北宋之词，可谓生香真色。若云间诸公，则采花耳。湘真且然，况其次也者乎？

二一

《衍波词》之佳者，颇似贺方回。虽不及容若，要在锡鬯、其年之上。

二二

近人词如《复堂词》之深婉，《彊村词》之隐秀，皆在半塘老人上。彊村学梦窗而情味较梦窗反胜。盖有临川、庐陵之高华，而济以白石之疏越者。学人之词，斯为极则。然古人自然神妙处，尚未见及。

二三

宋直方（原作"尚木"，误。案"征舆"字"直方"，"尚木"乃"徵璧"字，因据改）《蝶恋花》："新样罗衣浑弃却，犹寻旧日春衫著。"谭复堂《蝶恋花》："连理枝头侬与汝，千花百草从渠许。"可谓寄兴深微。

二四

《半塘丁稿》中和冯正中《鹊踏枝》十阕，乃《鹜翁词》之最精者。"望远愁多休纵目"等阕，郁伊惝恍，令人不能为怀。《定稿》只存六阕，殊为未允也。

二五

固哉，皋文之为词也！飞卿《菩萨蛮》、永叔《蝶恋花》、子瞻《卜算子》，皆兴到之作，有何命意？皆被皋文深文罗织。阮亭《花草蒙拾》谓："坡公命宫磨蝎，生前为王珪、舒亶辈所苦，身后又硬受此差排。"由今观之，受差排者，独一坡公已耶？

二六

贺黄公谓："姜论史词，不称其'软语商量'，而赏（原作
"称"，依《词筌》改）其'柳昏花暝'，固知不免项羽学兵法之
恨。"然"柳昏花暝"，自是欧、秦辈句法，前后有画工化工之殊。
吾从白石，不能附和黄公矣。

二七

"池塘春草谢家春，万古千秋五字新，传语闭门陈正字，可怜
无补费精神。"此遗山《论诗绝句》也。梦窗、玉田辈，当不乐闻
此语。

二八

朱子《清邃阁论诗》谓："古人诗中（原无"诗中"两字，依
《朱子大全》增）有句，今人诗更无句，只是一直说将去。这般诗
（原无"诗"字）一日作百首也得。"余谓北宋之词有句，南宋以后
便无句。如玉田、草窗之词，所谓"一日作百首也得"者也。

二九

朱子谓："梅圣俞诗，不是平淡，乃是枯槁。"余谓草窗、玉田
之词亦然。

三〇

"自怜诗酒瘦，难应接，许多春色。""能几番游？看花又是明年。"此等语亦算警句耶？乃值如许笔力！

三一

文文山词，风骨甚高，亦有境界。远在圣与、叔夏、公谨诸公之上。亦如明初诚意伯词，非季迪、孟载诸人所敢望也。

三二

和凝《长命女》词："天欲晓。宫漏穿花声缭绕，窗里星光少。冷霞寒侵帐额，残月光沈树杪。梦断锦闱空悄悄。强起愁眉小。"此词前半，不减夏英公《喜迁莺》也。

三三

宋李希声《诗话》曰："唐（当作"古"）人作诗，正以风调高古为主。虽意远语疏，皆为佳作。后人有切近的当、气格凡下者，终使人可憎。"余谓北宋词亦不妨疏远。若梅溪以降，正所谓切近的当、气格凡下者也。

三四

自竹垞痛贬《草堂诗馀》而推《绝妙好词》，后人群附和之。不知《草堂》虽有亵诨之作，然佳词恒得十之六七。《绝妙好词》则除张、范、辛、刘诸家外，十之八九，皆极无聊赖之词。古人云：小好小惭，大好大惭，洵非虚语。（按："古人云"以下共十五字，原稿已改作"甚矣，人之贵耳贱目也！"）

三五

梅溪、梦窗、玉田、草窗、西麓诸家，词虽不同，然同失之肤浅。虽时代使然，亦其才分有限也。近人弃周鼎而宝康瓠，实难索解。

三六

余友沈昕伯纮自巴黎寄余《蝶恋花》一阕云："帘外东风随燕到。春色东来，循我来时道。一霎围场生绿章，归迟却怨春来早。锦绣一城春水绕。庭院笙歌，行乐多年少。著意来开孤客抱，不知名字闲花鸟。"此词当在晏氏父子间，南宋人不能道也。

三七

"君王枉把平陈业，换得雷塘数亩田。"政治家之言也。"长陵亦是闲丘陇，异日谁知与仲多？"诗人之言也。政治家之眼，域于一人一事。诗人之眼，则通古今而观之。词人观物，须用诗人之眼，不可用政治家之眼。故感事、怀古等作，当与寿词同为词家所禁也。

三八

宋人小说，多不足信。如《雪舟脞语》谓：台州知府唐仲友眷官伎严蕊奴。朱晦庵系治之。及晦庵移去，提刑岳霖行部至台，蕊乞自便。岳问曰：去将安归？蕊赋《卜算子》词云："住也如何住"云云。案：此词系仲友戚高宣教作，使蕊歌以侑觞者，见朱子《纠唐仲友奏牍》。则《齐东野语》所纪朱、唐公案，恐亦未可信也。

三九

"沧浪""凤兮"二歌，已开《楚辞》体格。然《楚辞》之最工者，推屈原、宋玉，而后此之王褒、刘向之词不与焉。五古之最工者，实推阮嗣宗、左太冲、郭景纯、陶渊明，而前此曹、刘，后此陈子昂、李太白不与焉。词之最工者，实推后主、正中、永叔、少游、美成，而后此南宋诸公不与焉。（按：末句原稿作"前此温韦，后此姜吴，皆不与焉。"）

四〇

唐五代之词，有句而无篇。南宋名家之词，有篇而无句。有篇有句，惟李后主降宋后之作，及永叔、子瞻、少游、美成、稼轩数人而已。

四一

唐五代北宋之词家，倡优也。南宋后之词家，俗子也。二者其失相等。但词人之词，宁失之倡优，不失之俗子。以俗子之可厌，较倡优为甚故也。

四二

《蝶恋花》"独倚危楼"一阕，见《六一词》，亦见《乐章集》。余谓：屯田轻薄子，只能道"奶奶兰心蕙性"耳。〔原注：此等语固非欧公不能道也。〕

四三

读《会真记》者，恶张生之薄幸，而恕其奸非。读《水浒传》者，恕宋江之横暴，而责其深险。此人人之所同也。故艳词可作，惟万不可作俭薄语。龚定庵诗云："偶赋凌云偶倦飞。偶然闲慕遂初衣。偶逢锦瑟佳人问，便说寻春为汝归。"其人之凉薄无行，跃然纸墨间。余辈读耆卿、伯可词，亦有此感。视永叔、希文小词何如耶？

四四

词人之忠实，不独对人事宜然。即对一草一木，亦须有忠实之意，否则所谓游词也。

四五

读《花间》《尊前》集，令人回想徐陵《玉台新咏》。读《草堂诗馀》，令人回想韦縠《才调集》。读朱竹垞《词综》，张皋文、董子远（原误作"晋卿"）《词选》，令人回想沈德潜《三朝诗别裁集》。

四六

明季国初诸老之论词，大似袁简斋之论诗，其失也，纤小而轻薄。竹垞以降之论词者，大似沈归愚，其失也，枯槁而庸陋。

四七

东坡之旷在神，白石之旷在貌。白石如玉衍口不言阿堵物，而暗中为营三窟之计，此其所以可鄙也。

四八

"纷吾既有此内美兮，又重之以修能。"文学之事，于此二者，不可缺一。然词乃抒情之作，故尤重内美。无内美而但有修能，则白石耳。

四九

诗人视一切外物，皆游戏之材料也。然其游戏，则以热心为之。故诙谐与严重二性质，亦不可缺一也。

《人间词话》附录①（二十九则）

一

蕙风词小令似叔原，长调亦在清真、梅溪间，而沈痛过之。彊村虽富丽精工，犹逊其真挚也。天以百凶成就一词人，果何为哉！

二

蕙风《洞仙歌》（秋日游某氏园）及《苏武慢》（寒夜闻角）二阕，境似清真，集中他作，不能过之。

　　　　　　　　——以上赵万里录自《蕙风琴趣》评语

三

彊村词，余最赏其《浣溪沙》"独鸟冲波去意闲"二阕，笔力峭拔，非他词可能过之。

---

　　①《〈人间词话〉附录》，是各家所录王国维论词之语而原非《人间词话》组成部分者，凡二十九则。所据版本亦同前。

四

蕙风《听歌》诸作，自以《满路花》为最佳。至《题香南雅集图》诸词，殊觉泛泛，无一言道著。

——以上赵万里自《丙寅日记》所记观堂论学语中摘出

五

（皇甫松）词，黄叔旸称其《摘得新》二首为有达观之见。余谓不若《忆江南》二阕，情味深长，在乐天、梦得〔补注〕上也。

六

端己词情深语秀，虽规模不及后主、正中，要在飞卿之上。观昔人颜、谢优劣论可知矣。

七

（毛文锡）词比牛、薛诸人，殊为不及。叶梦得谓："文锡词以质直为情致，殊不知流于率露。诸人评庸陋词者，必曰：此仿毛文锡之《赞成功》而不及者。"〔补注〕其言是也。

八

（魏承班）词，逊于薛昭蕴、牛峤，而高于毛文锡，然皆不如王衍。五代词以帝王为最工，岂不以无意于求工欤。

九

（顾）复词在牛给事、毛司徒间。《浣溪沙》"春色迷人"一阕，亦见《阳春录》。与《河传》《诉衷情》数阕，当为复最佳之作矣。

一〇

（毛熙震）周密《齐东野语》称其词新警而不为偎薄。余尤爱其《后庭花》，不独意胜，即以调论，亦有隽上清越之致，视文锡蔑如也。

一一

（阎选）词惟《临江仙》第二首有轩鬟之意，馀尚未足与于作者也。

一二

昔沈文悫深赏（张）泌"绿杨花扑一溪烟"为晚唐名句。然其词如"露浓香泛小庭花"，较前语似更幽艳。

一三

（孙光宪词）昔黄玉林赏其"一庭花（当作"疏"）雨湿春愁"

为古今佳句。余以为不若"片帆烟际闪孤光"，尤有境界也。

　　　　——以上徐调孚录自《唐五代二十一家词辑》诸跋

一四

　　（周清真）先生于诗文无所不工，然尚未尽脱古人蹊径。平生著述，自以乐府为第一。词人甲乙，宋人早有定论。惟张叔夏病其意趣不高远。然北宋人如欧、苏、秦、黄，高则高矣，至精工博大，殊不逮先生。故以宋词比唐诗，则东坡似太白，欧、秦似摩诘，耆卿似乐天，方回、叔原则大历十子之流。南宋惟一稼轩可比昌黎。而词中老杜，则非先生不可。昔人以耆卿比少陵，犹为未当也。

一五

　　（清真）先生之词，陈直斋谓其多用唐人诗句檃括入律，浑然天成。张玉田谓其善于融化诗句，然此不过一端。不如强焕云："模写物态，曲尽其妙。"为知言也。

一六

　　山谷云："天下清景，不择贤愚而与之，然吾特疑端为我辈设。"诚哉是言！抑岂独清景而已，一切境界，无不为诗人设。世无诗人，即无此种境界。夫境界之呈于吾心而见于外物者，皆须臾之物。惟诗人能以此须臾之物，镌诸不朽之文字，使读者自得之。遂觉诗人之言，字字为我心中所欲言，而又非我之所能自言，此大诗人之秘妙也。境界有二：有诗人之境界，有常人之境界。诗人之境界，惟诗人能感之而能写之，故读其诗者，亦高举远慕，有遗世之意。而亦有得有不得，且得之者亦各有深浅焉。若夫悲欢离合、羁旅行役之感，常人皆能感之，而惟诗人能写之。故其入于人者至深，而行于世也尤广。（清真）先生之词，属于第二种为多。故宋时别本之多，他无与匹。又和者三家，注者二家。（强焕本亦有注，见毛跋）自士大夫以至妇人女子，莫不知有清真，而种种无稽之言，亦由此以起。然非入人之深，乌能如是耶？

一七

楼忠简谓（清真）先生妙解音律，惟王晦叔《碧鸡漫志》谓："江南某氏者，解音律，时时度曲。周美成与有瓜葛。每得一解，即为制词。故周集中多新声。"则集中新曲，非尽自度。然顾曲名堂，不能自已，固非不知音者。故先生之词，文字之外，须兼味其音律，惟词中所注宫调，不出教坊十八调之外。则其音非大晟乐府之新声，而为隋唐以来之燕乐，固可知也。今其声虽亡，读其词者，犹觉拗怒之中，自饶和婉。曼声促节，繁会相宣；清浊抑扬，辘轳交往。两宋之间，一人而已。

——以上徐调孚录自《清真先生遗事·尚论》三

一八

（《云谣集杂曲子》）《天仙子》词特深峭隐秀，堪与飞卿、端己抗行。

——以上徐调孚录自《观堂集林》唐写本《云谣集杂曲子》跋

一九

（王）以凝词句法精壮，如"和虞彦恭寄钱逊升"（当作"叔"）《蓦山溪》一阕、"重午登霞楼"《满庭芳》一阕、"舣舟洪江步下"《浣溪沙》一阕，绝无南宋浮艳虚薄之习。其他作亦多类是也。

〔按：此则乃观堂所录阮元《四库未收书目·王周士词提要》，实非观堂论词之语。〕

——以上徐调孚录自《观堂别集·跋王周士词》

二〇

有明一代，乐府道衰。《写情》《扣舷》，尚有宋元遗响。仁、宣以后，兹事几绝。独文愍（夏言）以魁硕之才，起而振之。豪壮典丽，与于湖、剑南为近。

——以上徐调孚录自《观堂外集·桂翁词跋》

二一

《人间词》甲稿序

王君静安将刊其所为《人间词》，诒书告余曰："知我词者莫如子，叙之亦莫如子宜。"余与君处十年矣，比年以来，君颇以词自娱。余虽不能词，然喜读词。每夜漏始下，一灯荧然，玩古人之作，未尝不与君共。君成一阕，易一字，未尝不以讯余。既而暌离，苟有所作，未尝不邮以示余也。然则余于君之词，又乌可以无言乎。夫自南宋以后，斯道之不振久矣！元明及国初诸老，非无警

句也。然不免乎局促者，气困于雕琢也。嘉道以后之词，非不谐美
也。然无救于浅薄者，意竭于摹拟也。君之于词，于五代喜李后
主、冯正中，于北宋喜永叔、子瞻、少游、美成，于南宋除稼轩、
白石外，所嗜盖鲜矣。尤痛诋梦窗、玉田。谓梦窗砌字，玉田垒
句。一雕琢，一敷衍。其病不同，而同归于浅薄。六百年来词之不
振，实自此始。其持论如此。及读君自所为词，则诚往复幽咽，动
摇人心。快而沈，直而能曲。不屑屑于言词之末，而名句间出，殆
往往度越前人。至其言近而指远，意决而辞婉，自永叔以后，殆未
有工如君者也。君始为词时，亦不自意其至此，而卒至此者，天
也，非人之所能为也。若夫观物之微，托兴之深，则又君诗词之特
色。求之古代作者，罕有伦比。呜呼！不胜古人，不足以与古人
并，君其知之矣。世有疑余言者乎，则何不取古人之词，与君词比
类而观之也？光绪丙午三月，山阴樊志厚叙。

<h1 style="text-align:center">二二</h1>

《人间词》乙稿序

　　去岁夏，王君静安集其所为词，得六十馀阕，名曰：《人间词
甲稿》，余既叙而行之矣。今冬，复汇所作词为《乙稿》，丐余为
之叙。余其敢辞。乃称曰：文学之事，其内足以摅己，而外足以感
人者，意与境二者而已。上焉者意与境浑，其次或以境胜，或以意
胜。苟缺其一，不足以言文学。原夫文学之所以有意境者，以其能
观也。出于观我者，意馀于境。而出于观物者，境多于意。然非物
无以见我，而观我之时，又自有我在。故二者常互相错综，能有所
偏重，而不能有所偏废也。文学之工不工，亦视其意境之有无与其
深浅而已。自夫人不能观古人之所观，而徒学古人之所作，于是始

有伪文学。学者便之，相尚以辞，相习以模拟，遂不复知意境之为何物，岂不悲哉！苟持此以观古今人之词，则其得失，可得而言焉。温韦之精艳，所以不如正中者，意境有深浅也。《珠玉》所以逊《六一》，《小山》所以愧《淮海》者，意境异也。美成晚出，始以辞采擅长，然终不失为北宋人之词者，有意境也。南宋词人之有意境者，惟一稼轩，然亦若不欲以意境胜。白石之词，气体雅健耳。至于意境，则去北宋人远甚。及梦窗、玉田出，并不求诸气体，而惟文字之是务，于是词之道熄矣。自元迄明，益以不振。至于国朝，而纳兰侍卫以天赋之才，崛起于方兴之族。其所为词，悲凉顽艳，独有得于意境之深，可谓豪杰之士，奋乎百世之下者矣。同时朱、陈，既非劲敌；后世项、蒋，尤难鼎足。至乾嘉以降，审乎体格韵律之间者愈微，而意味之溢于字句之表者愈浅。岂非拘泥文字，而不求诸意境之失欤？抑观我观物之事自有天在，固难期诸流俗欤？余与静安，均夙持此论。静安之为词，真能以意境胜。夫古今人词之以意胜者，莫若欧阳公。以境胜者，莫若秦少游。至意境两浑，则惟太白、后主、正中数人足以当之。静安之词，大抵意深于欧，而境次于秦。至其合作，如《甲稿·浣溪沙》之"天末同云"、《蝶恋花》之"昨夜梦中"、《乙稿·蝶恋花》之"百尺朱楼"等阕，皆意境两忘，物我一体。高蹈乎八荒之表，而抗心乎千秋之间。骎骎乎两汉之疆域，广于三代，贞观之政治，隆于武德矣。方之侍卫，岂徒伯仲。此固君所得于天者独深，抑岂非致力于意境之效也。至君词之体裁，亦与五代、北宋为近。然君词之所以为五代、北宋之词者，以其有意境在。若以其体裁故，而至遽指为五代、北宋，此又君之不任受。固当与梦窗、玉田之徒，专事摹拟者，同类而笑之也。光绪三十三年十月，山阴樊志厚叙。〔按：此二序虽为观堂手笔，而命意实出自樊氏。观堂废稿中曾引樊氏之语，

而樊氏所赏诸词,《观堂集林》亦不尽入选，可证也。〕

　　　　　　　——以上徐调孚录自《观堂外集》

二三

　　欧公《蝶恋花》"面旋落花"云云，字字沉响，殊不可及。

　　　　　——以上陈乃乾录自观堂旧藏《六一词》眉间批语

二四

　　《片玉词》"良夜灯光簇如豆"一首，乃改山谷《忆帝京》词为之者，似屯田最下之作，非美成所宜有也。

　　　　　——以上陈乃乾录自观堂旧藏《片玉词》眉间批语

二五

　　温飞卿《菩萨蛮》："雨后却斜阳，杏花零落香。"少游之"雨馀芳草斜阳。杏花零落（当作"乱"）燕泥香。"虽自此脱胎，而实有出蓝之妙。

二六

　　白石尚有骨，玉田则一乞人耳。

二七

　　美成词多作态，故不是大家气象。若同叔、永叔虽不作态，而一笑百媚生矣。此天才与人力之别也。

二八

周介存谓白石以诗法入词，门径浅狭，如孙过庭书，但便后人模仿。予谓近人所以崇拜玉田，亦由于此。

二九

予于词，五代喜李后主、冯正中而不喜《花间》。宋喜同叔、永叔、子瞻、少游而不喜美成。南宋只爱稼轩一人，而最恶梦窗、玉田。介存《词辨》所选词，颇多不当人意。而其论词则多独到之语。始知天下固有具眼人，非予一人之私见也。

——以上陈乃乾录自观堂旧藏《词辨》眉间批语

《人间词话》拾遗①（十三则）

一

余填词不喜作长调，尤不喜用人韵。偶尔游戏，作《水龙吟》咏杨花用质夫、东坡倡和韵，作《齐天乐》咏蟋蟀用白石韵，皆有与晋代兴之意。余之所长殊不在是，世之君子宁以他词称我。

录自《新注》之24

二

樊抗夫谓余词如《浣溪沙》之"天末同云"，《蝶恋花》之"昨夜梦中""百尺高楼""春到临春"等阕，凿空而道，开词家未有之境。余自谓才不若古人，但于力争第一义处，古人亦不如我用意耳。

录自《新注》之26

---

①《〈人间词话〉拾遗》，姚柯夫《人间词话及评论汇编》（简称《汇编》）从滕咸惠的《人间词话新注》（简称《新注》）中补录得王国维论词十三则，谓之拾遗。

三

叔本华曰："抒情诗，少年之作也；叙事诗及戏曲，壮年之作也。"余谓：抒情诗，国民幼稚时代之作也；叙事诗，国民盛壮时代之作也。故曲则古不如今。（元曲诚多天籁，然其思想之陋劣，布置之粗笨，千篇一律，令人喷饭。至本朝之《桃花扇》《长生殿》诸传奇，则进矣。）词则今不如古。盖一则以布局为主，一则须伫兴而成故也。

录自《新注》之28

四

"岂不尔思，室是远而。"而孔子讥之。故知孔门而用词，则牛峤之"甘作一生拚，尽君今日欢"等作，必不在见删之数。（按：此条原已删去）

录自《新注》之50

五

"暮雨潇潇郎不归"，当是古词，未必即白傅所作。故白诗云"吴娘夜雨潇潇曲，自别苏州更不闻"也。（按：此条原已删去）

录自《新注》之58

六

　　贺黄公裳《皱水轩词筌》云："张玉田《乐府指迷》其调叶宫商，铺张藻绘抑亦可矣，至于风流蕴藉之事，真属茫茫。如啖官厨饭者，不知牲牢之外别有甘鲜也。"此语解颐。

录自《新注》之64

七

　　周保绪济《词辨》云："玉田，近人所最尊奉，才情诣力亦不后诸人，终觉积谷作米、把缆放船，无开阔手段。"又云："叔夏所以不及前人处，只在字句上著功夫，不肯换意。""近人喜学玉田，亦为修饰字句易，换意难。"

录自《新注》之65

八

　　毛西河《词话》谓：赵德麟令畤作《商调鼓子词》谱西厢传奇，为杂剧之祖。然《乐府雅词》卷首所载秦少游、晁补之、郑彦能《调笑转踏》，首有致语，末有放队，每调之前有口号诗，甚似曲本体例。无名氏《九张机》亦然。至董颖《道宫薄媚》大曲咏西子事，凡十只曲，皆平仄通押，则竟是套曲。此可与《弦索西厢》同为曲家之筚路。曾氏置诸《雅词》卷首，所以别之于词也。颖字仲达，绍兴初人，从汪彦章、徐师川游，彦章为作《字说》。见《书录

解题》。（按：此条原已删去）

录自《新注》之89

九

宋人遇令节、朝贺、宴会、落成等事，有"致语"一种。宋子京、欧阳永叔、苏子瞻、陈后山、文宋瑞集中皆有之。《啸余谱》列之于词曲之间。其式：先"教坊致语"（四六文），次"口号"（诗），次"勾合曲"（四六文），次"勾小儿队"（四六文），次"队名"（诗二句），次"问小儿""小儿致语"，次"勾杂剧"（皆四六文），次"放队"（或诗或四六文）。若有女弟子队，则勾女弟子队如前。其所歌之词曲与所演之剧，则自伶人定之。少游、补之之《调笑》乃并为之作词。元人杂剧乃以曲代之，曲中楔子、科白、上下场诗，犹是致语、口号、勾队、放队之遗也。此程明善《啸余谱》所以列"致语"于词曲之间者也。（按：此条原删去）

录自《新注》之90

十

明顾梧芳刻《尊前集》二卷，自为之引。并云：明嘉禾顾梧芳编次。毛子晋刻《词苑英华》疑为梧芳所辑。朱竹垞跋称：吴下得吴宽手钞本，取顾本勘之，靡有不同，因定为宋初人编辑。《提要》两存其说。案《古今词话》云："赵崇祚《花间集》载温飞卿《菩萨蛮》甚多，合之吕鹏《尊前集》不下二十阕。"今考顾刻所载飞卿《菩萨蛮》五首，除"咏泪"一首外，皆《花间》所有，知顾刻虽非自编，亦非复吕鹏所编之旧矣。《提要》又云：

"张炎《乐府指迷》虽云唐人有《尊前》《花间集》，然《乐府指迷》真出张炎与否，盖未可定。陈直斋《书录解题》'歌词类'以《花间集》为首，注曰：此近世倚声填词之祖，而无《尊前集》之名。不应张炎见之而陈振孙不见。"然《书录解题》"阳春集"条下引高邮崔公度语曰："《尊前》《花间》往往谬其姓氏。"公度元（按：原误作"公"）祐间人，《宋史》有传。北宋固有，则此书不过直斋未见耳。

又案：黄昇《花庵词选》李白《清平乐》下注云："翰林应制。"又云："案：唐吕鹏《遏云集》载应制词四首，以后二首无清逸气韵，疑非太白所作"云云。今《尊前集》所载太白《清平乐》有五首，岂《尊前集》一名《遏云集》，而四首五首之不同，乃花庵所见之本略异欤？又，欧阳炯《花间集序》谓："明皇朝有李太白应制《清平乐》四首。"则唐末时只有四首，岂末一首为梧芳所羼入，非吕鹏之旧欤？（按：此条原已删去。）

录自《新注》之92

十一

《提要》载"《古今词语》六卷，国朝沈雄纂。雄字偶僧，吴江人。是编所述上起于唐，下迄康熙中年。"然维见明嘉靖前白口本《笺注草堂诗余》林外《洞仙歌》下引《古今词话》云："此词乃近时林外题于吴江垂虹亭。"（明刻《类编草堂诗余》亦同）案：升庵《词品》云："林外字岂尘，有《洞仙歌》书于垂虹亭畔。作道装，不告姓名，饮醉而去。人疑为吕洞宾。传入宫中。孝宗笑曰：'"云崖洞天无锁"，"锁"与"老"叶韵，则"锁"音"扫"，乃闽音也。'侦问之，果闽人林外也。"（《齐东野语》所载亦略同。）则

《古今词话》宋时固有此书。岂雄窃此书而复益以近代事欤？又，《季沧苇书目》载《古今词话》十卷，而沈雄所纂只六卷，益证其非一书矣。

录自《新注》之93

十二

楚辞之体，非屈子所创也。《沧浪》《凤兮》之歌已与三百篇异，然至屈子而最工。五七律始于齐、梁而盛于唐。词源于唐而大成于北宋。故最工之文学，非徒善创，亦且善因。（按：此条原已删去）

录自《新注》之109

十三

金朗甫作《词选后序》，分词为"淫词""鄙词""游词"三种。词之弊尽是矣。五代北宋之词，其失也淫。辛、刘之词，其失也鄙。姜、张之词，其失也游。（按：此条原已删去）

录自《新注》之122

王国维美学著译年表简编

1903年

《哲学辨惑》,《教育世界》第55号。

《论教育之宗旨》,《教育世界》第56号。

1904年

《孔子之美育主义》,《教育世界》第69号。

《德国文豪格代希尔列尔合传》,《教育世界》第70号。

《汗德之哲学说》,《教育世界》第74号。

《叔本华之哲学及其教育学说》,《教育世界》第75号。

《〈红楼梦〉评论》,《教育世界》第76号。

《叔本华与尼采》,《教育世界》第84号。

《格代之家庭》,《教育世界》第80、82号。

《教育偶感四则》,作于1904年,收入《静庵文集》商务印书馆
1905年版。

1905年

《论近年之学术界》,《教育世界》第93号。

《论新学语之输入》,《教育世界》第96号。

《论平凡之教育主义》,《教育世界》第97号。

《论哲学家与美术家之天职》,《教育世界》第99号。

《哥罗宰氏之游戏论》,《教育世界》第104号。

《〈静安文集〉自序》,作于1905年,收入《静庵文集》商务印书馆1905年版。

1906年

《教育小言十二则》,《教育世界》第117号。

《教育家之希尔列尔》,《教育世界》第118号。

《奏定经学科大学文学科大学章程书后》,《教育世界》第118号。

《〈人间词〉甲稿序》,《教育世界》第123号。

《去毒篇》,《教育世界》第129号。

《屈子文学之精神》,《教育世界》第140号。

《文学小言》,《教育世界》第139号。

1907年

《古雅之在美学上之位置》,《教育世界》第140号。

《教育小言十三则》,《教育世界》第143号。

《人间嗜好之研究》,《教育世界》第146号。

《脱尔斯泰传》,《教育世界》第143、144号。

《戏曲大家海别尔》,《教育世界》第145、147号。

《论小学校唱歌科之材料》,《教育世界》第148号。

《教育小言十则》,《教育世界》第150号。

《英国小说家斯提逢孙传》,《教育世界》第149号。

《霍恩氏之美育说》,《教育世界》第151号。

《莎士比传》,《教育世界》第159号。

《〈人间词〉乙稿序》,《教育世界》第161号。

《英国大诗人白衣龙小传》，《教育世界》第162号。

1908年
《〈中国名画集〉序》，作于1908年，修改于1912年。
《人间词话》，作于1908—1909年。

1909年
《〈曲录〉自序》，作于1909年5月，收入《曲录六卷》晨风阁丛书1909年版。

1911年
《清真先生遗事》，作于1910年，收入《国学丛刊》第二册。
《〈国学丛刊〉序》，收入《国学丛刊》第二册。

1912年
《此君轩记》，作于1912年，收入《观堂集林》。
《墨妙亭记》，作于1912年，收入《观堂集林》。
《宋元戏曲考》，作于1912年。

1913年
《译本〈琵琶记〉序》作于1913年夏，收入《海宁王静安先生遗书》《静庵文集续编》。

1917年
《〈玉溪生诗年谱会笺〉序》，作于1917年6月，收入《观堂集林》。

1923年
《〈待时轩仿古玺印谱〉序》，作于1923年秋，收入《观堂别集》。

中国现代美学大家文库

《美在境界——王国维美学文选》

《美育与人生——蔡元培美学文选》

《美是情趣与意象的契合——朱光潜美学文选》

《美从何处寻——宗白华美学文选》

《美即典型——蔡仪美学文选》

《从美感两重性到情本体——李泽厚美学文录》

《从美的理念到美的实践——汝信美学文选》

《美在创造中——蒋孔阳美学文选》

《实践本体论美学思想——刘纲纪美学文选》

《体验人生价值美——胡经之美学文选》

《美是和谐——周来祥美学文选》

《美的哲学——叶秀山美学文选》

《审美是自由的生存方式——杨春时美学文选》

《实践存在论美学——朱立元美学文选》

《生态美学——曾繁仁美学文选》